もくじ

1. 運　　動 …………………………………………………… 1
2. 運動の法則と力の法則 …………………………………… 8
3. 力 と 運 動 ………………………………………………… 15
4. 振　　動 …………………………………………………… 22
5. 仕事とエネルギー ………………………………………… 25
6. 質点の角運動量と回転運動の法則 ……………………… 32
7. 質点系の重心，運動量と角運動量 ……………………… 34
8. 剛 体 の 力 学 ……………………………………………… 37
9. 慣 性 力 …………………………………………………… 42
10. ベ ク ト ル ………………………………………………… 44
　　解　　答 …………………………………………………… 47

運　　動

第1章の要約

■ 直線運動において

平均の速さ $= \dfrac{\text{移動距離}}{\text{時間}}$　　$\bar{v} = \dfrac{d}{t}$　　移動距離 =「平均の速さ」×「時間」　$d = \bar{v}t$

変位　時刻 t から時刻 $t+\Delta t$ までの時間 Δt での物体の変位 $\Delta x = x(t+\Delta t)-x(t)$

平均速度 $= \dfrac{\text{変位}}{\text{時間}}$　　$\bar{v} = \dfrac{\Delta x}{\Delta t} = \dfrac{x(t+\Delta t)-x(t)}{\Delta t}$　　変位 =「平均速度」×「時間」　$\Delta x = \bar{v}\Delta t$

速度（瞬間速度）　$v(t) = \lim\limits_{\Delta t \to 0} \dfrac{\Delta x}{\Delta t} = \lim\limits_{\Delta t \to 0} \dfrac{x(t+\Delta t)-x(t)}{\Delta t} = \dfrac{dx}{dt}$

速さの単位の変換　$1\,\text{m/s} = 3.6\,\text{km/h}$　　$1\,\text{km/h} = \dfrac{1}{3.6}\,\text{m/s}$

x-t グラフ　縦軸に位置座標 x，横軸に時刻 t を選んだ図．x-t 線は物体の位置の時間的変化を表し，x-t 線の勾配（傾き）は速度に等しい．x-t 線が右上がりなら，速度は正で x 軸の正の向きの運動．x-t 線が水平なら速度は 0．x-t 線が右下がりなら，速度は負で x 軸の負の向きの運動．

v-t グラフ　縦軸に速度 v，横軸に時刻 t を選んだ図．v-t 線は物体の速度の時間的変化を表し，v-t 線の勾配は加速度に等しい．

平均加速度 $= \dfrac{\text{速度の変化}}{\text{時間}}$　　$\bar{a} = \dfrac{\Delta v}{\Delta t}$，速度の変化 =「平均加速度」×「時間」　$\Delta v = \bar{a}\Delta t$

加速度　$a(t) = \dfrac{dv}{dt} = \dfrac{d^2x}{dt^2}$

重力加速度 g　空気抵抗が無視できるときのあらゆる物体の落下運動の加速度．$g \approx 9.8\,\text{m/s}^2$

■ 平面運動において

位置ベクトル　原点 O を始点とし，物体の位置 P を終点とするベクトル．$\boldsymbol{r}(t) = [x(t), y(t)]$

変位　時刻 t から時刻 $t+\Delta t$ までの時間 Δt での物体の変位 $\Delta \boldsymbol{r} = \boldsymbol{r}(t+\Delta t) - \boldsymbol{r}(t) = (\Delta x, \Delta y) = [x(t+\Delta t)-x(t), y(t+\Delta t)-y(t)]$．$\boldsymbol{r}(t)$ の終点を始点とし $\boldsymbol{r}(t+\Delta t)$ の終点を終点とするベクトル．

平均速度 $= \dfrac{\text{変位}}{\text{時間}}$　　$\bar{\boldsymbol{v}} = \dfrac{\Delta \boldsymbol{r}}{\Delta t} = \left(\dfrac{\Delta x}{\Delta t}, \dfrac{\Delta y}{\Delta t}\right)$　　速度　$\boldsymbol{v}(t) = \left(\dfrac{dx}{dt}, \dfrac{dy}{dt}\right)$

平均加速度 $= \dfrac{\text{速度の変化}}{\text{時間}}$　　$\bar{\boldsymbol{a}} = \dfrac{\Delta \boldsymbol{v}}{\Delta t}$　　加速度　$\boldsymbol{a}(t) = \dfrac{d\boldsymbol{v}}{dt} = \left(\dfrac{dv_x}{dt}, \dfrac{dv_y}{dt}\right) = \dfrac{d^2\boldsymbol{r}}{dt^2} = \left(\dfrac{d^2x}{dt^2}, \dfrac{d^2y}{dt^2}\right)$

等速円運動する物体の速さ　$v = r\omega$，ω は角速度．加速度の大きさ　$a = v\omega = r\omega^2 = \dfrac{v^2}{r}$

周期運動の周期 T と単位時間あたりの回転数 f の関係　$fT = 1$，$T = \dfrac{1}{f} = \dfrac{2\pi}{\omega}$，$\omega = 2\pi f$

例題 1.1 地面に対する物体 1（ピストルの弾丸）と物体 2（トラック）の速度を v_1, v_2 とすると，物体 2（トラック）から見た物体 1（弾丸）の速度 v_{12} は

$$v_{12} = v_1 - v_2$$

である（図 1.1）．v_{12} を物体 2 に対する物体 1 の**相対速度**という．

　無風状態では雨滴は速度 v_1 で鉛直に落下する．静止している人は傘を真上に向けてさせばよい［図 1.2(a)］．この雨の中を速度 v_2 で歩く人は傘の先をどの方向に向けて歩くと雨に濡れないか．

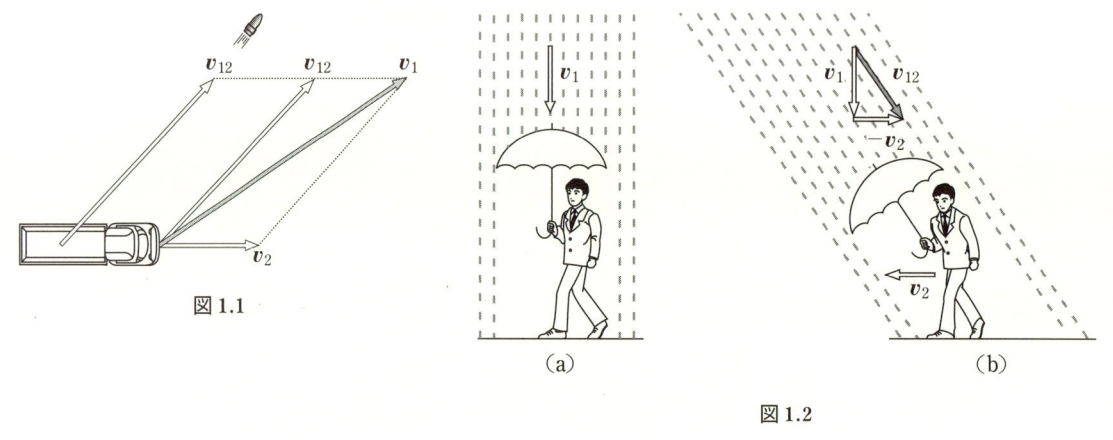

図 1.1

図 1.2

解　人間に対する雨滴の相対速度は $v_{12} = v_1 - v_2$ なので，傘の先を斜前方（$-v_{12}$ の方向）に向けて歩けばよい［図 1.2(b)］．

例題 1.2 導関数の定義を使って，次の関係を導け．

$$\frac{d}{dt}(at^2+bt+c) = 2at+b \quad (a, b, c \text{ は定数})$$

解
$$\frac{dx}{dt} = \lim_{\Delta t \to 0} \frac{x(t+\Delta t)-x(t)}{\Delta t} = \lim_{\Delta t \to 0} \frac{[a(t+\Delta t)^2+b(t+\Delta t)+c]-[at^2+bt+c]}{\Delta t}$$
$$= \lim_{\Delta t \to 0} \frac{2at(\Delta t)+a(\Delta t)^2+b(\Delta t)}{\Delta t} = \lim_{\Delta t \to 0}(2at+b+a\Delta t) = 2at+b$$

例題 1.3 高い崖の上からボールを水平方向（x 方向）に速さ $v_0 = 4.9$ m/s で投げた（図 1.3）．空気の抵抗は無視できるものとすると，空中に投げ出された質量 m のボールに作用する力は，鉛直下向き（$+y$ 方向）の重力 mg だけである．そのため，ボールの水平方向の運動は速さ 4.9 m/s の等速運動で，鉛直方向の運動は重力加速度 g の等加速度運動である．ボールの速度が鉛直方向と $45°$ をなすまでの経過時間を求めよ．このときの速度 v_{45} とその大きさ v_{45} も求めよ．なお，重力加速度 g は 9.8 m/s^2 とせよ．

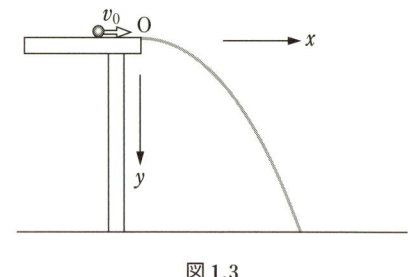

図 1.3

解 ボールの速度の水平方向成分は $v_x = 4.9$ m/s である．ボールの速度の鉛直方向成分 v_y は，$t=0$ で 0 であり，加速度が g なので $v_y = gt$ である．ボールの速度が鉛直方向と 45° をなすときには，

$v_x = v_y$ なので，4.9 m/s $= gt = (9.8$ m/s$^2)t$
$\therefore \quad t = 0.5$ s
$v_{45} = (4.9$ m/s$, 4.9$ m/s$)$,
$v_{45} = 4.9\sqrt{2}$ m/s $= 6.9$ m/s

例題 1.4 図 1.4 は一直線上を運動する自動車の v-t グラフである．
(1) 縦軸に加速度 a，横軸に時刻 t をとり，a-t グラフを描け．
(2) 縦軸に位置 x，横軸に時刻 t をとり，x-t グラフを描け．自動車の $t=0$ における位置 x を 0 とせよ．

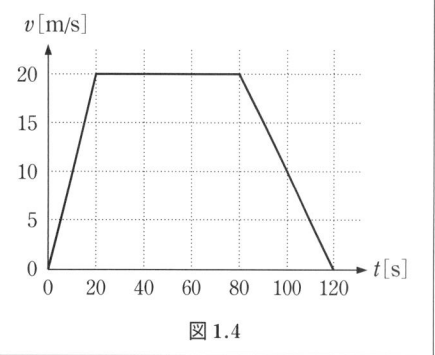

図 1.4

解 (1) 加速度 $a = \dfrac{dv}{dt}$ を v-t グラフから求めるには，グラフから速度（瞬間速度）$v(t)$ の関数形を読み取り，それを時刻 t で微分すればよい．この例題の場合には，加速度 a は v-t グラフの接線の勾配に等しいことを利用すれば簡単に求まる．

区間 $(0, 20$ s$)$：$a = \dfrac{(20 \text{ m/s})-(0 \text{ m/s})}{(20 \text{ s})-(0 \text{ s})}$
$\qquad = 1.0$ m/s^2,

区間 $(20$ s$, 80$ s$)$：$a = \dfrac{(20 \text{ m/s})-(20 \text{ m/s})}{(80 \text{ s})-(20 \text{ s})}$
$\qquad = 0$ m/s^2,

区間 $(80$ s$, 120$ s$)$：$a = \dfrac{(0 \text{ m/s})-(20 \text{ m/s})}{(120 \text{ s})-(80 \text{ s})}$
$\qquad = \dfrac{-20 \text{ m/s}}{40 \text{ s}} = -0.5$ m/s^2

以上より図 1.5 の a-t グラフが得られる．

(2) 第 3 章で学ぶように，v-t グラフの積分（面積）$\int_{t_i}^{t_f} v(t)\,dt$ が変位 $x(t_f) - x(t_i)$ である．積分が正であれば正の変位，負であれば負の変位である．この例題の場合には，v-t グラフから速度の関数形を読み取って，積分するより，v-t グラフの面積を直接に計算する方が簡単である．

区間 $(0, 20$ s$)$：変位 $x(t) - x(0$ s$) = x(t)$ は，底辺 t，高さ $v = at = (1.0$ m/s$^2)t$ の三角形の面積に等しいので，$x = \dfrac{1}{2}(1.0$ m/s$^2)t^2$

これから $x(20$ s$) = 200$ m が得られる．

区間 $(20$ s$, 80$ s$)$：変位 $x(t) - x(20$ s$)$ は，底辺 $t - (20$ s$)$，高さ 20 m/s の長方形の面積に等しいので，
$x = (20$ m/s$)\{t - (20$ s$)\} + (200$ m$)$

これから $x(80$ s$) = 1400$ m が得られる．

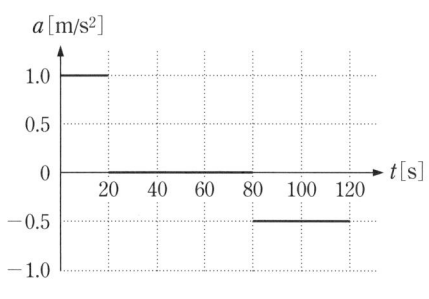

図 1.5

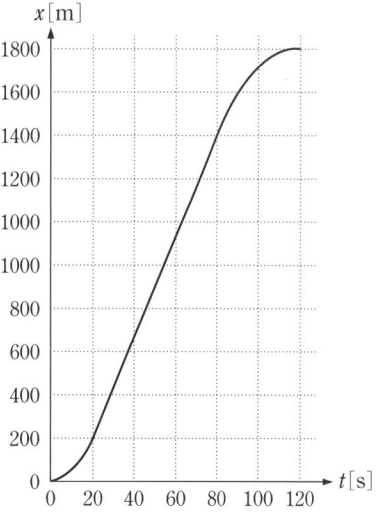

図 1.6

区間 (80 s, 120 s)：変位 $x(t)-x(80\,\mathrm{s})$ は，底辺 $t-(80\,\mathrm{s})$，高さ $20\,\mathrm{m/s}$ の長方形の面積から底辺 $t-(80\,\mathrm{s})$，高さ $(0.5\,\mathrm{m/s^2})\{t-(80\,\mathrm{s})\}$ の三角形の面積を引いたものに等しいので，
$$x=(20\,\mathrm{m/s})\{t-(80\,\mathrm{s})\}-(0.25\,\mathrm{m/s^2})\{t-(80\,\mathrm{s})\}^2$$
$$+(1400\,\mathrm{m})$$
$$=-(0.25\,\mathrm{m/s^2})\{t-(120\,\mathrm{s})\}^2+(1800\,\mathrm{m})$$
$t=120\,\mathrm{s}$ で $x=1800\,\mathrm{m}$ となるが，これは v-t グラフの台形の面積である．以上の結果を使って x-t グラフを描くと図 1.6 のようになる．

演習問題 1A

1A.1 速さの単位として m/s 以外の単位を使うと，速さを表す数値は異なる．$1\,\mathrm{km}=1000\,\mathrm{m}$，$1\,\mathrm{h}$[時間] $=60\,\mathrm{min}$[分] $=3600\,\mathrm{s}$[秒]を使って，$1\,\mathrm{km/h}=\dfrac{1}{3.6}\,\mathrm{m/s}$ と $1\,\mathrm{m/s}=3.6\,\mathrm{km/h}$ を示せ．時速 $72\,\mathrm{km}$ ($72\,\mathrm{km/h}$)は何 m/s か．

1A.2 $5\,\mathrm{m/s}$，$10\,\mathrm{m/s}$，$20\,\mathrm{m/s}$，$30\,\mathrm{m/s}$，$40\,\mathrm{m/s}$ はそれぞれ何 km/h か．

1A.3 太陽と地球の距離は 1 億 5 千万 km である．光が太陽から地球まで伝わる時間 t を求めよ．なお，光は 1 秒間に 30 万 km 伝わる．

1A.4 直線運動の場合の，速さと速度の違いを説明せよ．

1A.5 式 $x=v_0 t+x_0$ を x-t グラフに描け．

1A.6 (1) 机の縁を x 軸とし，人差し指の先端を物体と考えて，図 1.7(a)～(f) の x-t グラフの運動を再現してみよ．加速，減速，方向転換，静止状態，等速運動を明確に区別せよ．次に各グラフの真下に，対応する v-t 図を描け．

(2) 机の縁を x 軸とし，縁の中央を原点とし，人差し指の先端を物体と考えて，図 1.8(a)～(f) の v-t 図の運動を再現せよ．次に各グラフの真上に，対応する x-t 図を描け．$t=0$ で $x=0$ とせよ．

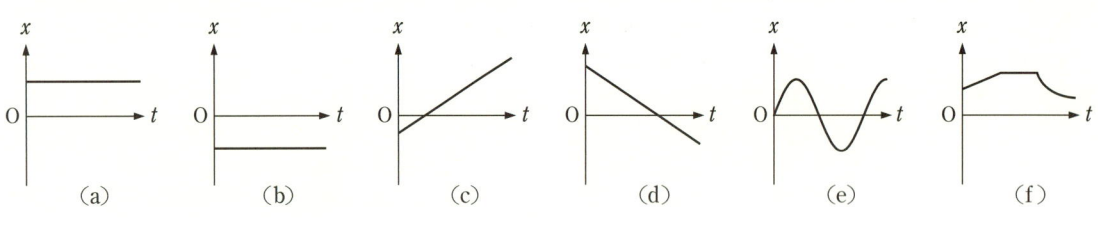

図 1.7

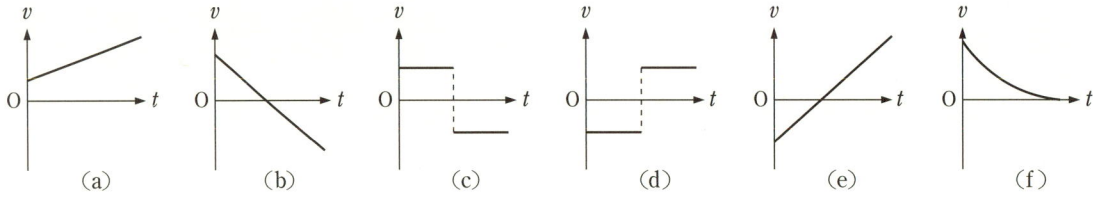

図 1.8

1A.7 (1) x-t グラフの傾きは何を表すか．
(2) v-t グラフの勾配は何を表すか．

1A.8 ある自動車は，時刻 $t=0$ に道路原点 O を出発し，x 軸の正の向きに，速さが $100\,\mathrm{km/h}$ の等速運動を行って，1 時間後に $x=100\,\mathrm{km}$ の地点 A に到着し，0.5 時間休憩した後，同じ方向に速さが $50\,\mathrm{km/h}$ の等速運動を行った．この自動車の運動を表す x-t グラフを示せ．

1A.9 ある自動車は，時刻 $t=0$ に $x=50\,\mathrm{km}$ の点 B を出発し，道路原点 O を目指して，x 軸の負の向きに，速さが $50\,\mathrm{km/h}$ の等速運動を行い，1 時間後に道路原点 O に到着した．この自動車の x-t グラフを示せ．

1A.10 図 1.9 に示す x-t グラフを見て，次の問に答えよ．

(1) 時刻 t_A から時刻 t_C までの平均速度 $\bar{v}$ を図から求める方法を示せ．

(2) 時刻 t_A, t_B, t_C での速度 v_A, v_B, v_C と平均

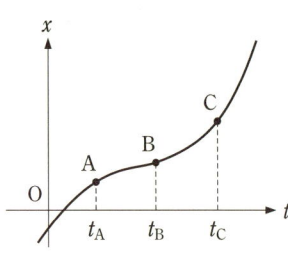

図 1.9

速度 $\bar{v}$ の 4 つの速度の中で最大のものはどれか．
(3) 4 つの速度 $v_A, v_B, v_C, \bar{v}$ の中で最小のものはどれか．
(4) 4 つの速度 $v_A, v_B, v_C, \bar{v}$ を大→小の順に並べよ．

1A.11 直線運動している物体の速度 v が

$$v = V\left(1 - \frac{x}{k}\right)$$ で与えられるとき，加速度 a を x の関数として表せ．

1A.12 長さ，時間，速度，加速度の国際単位を記せ．

1A.13 図 1.10 は電車の速度が時間とともに変化する様子を表す v–t グラフである．出発直後の加速中と等速運転中と停車前の減速中の加速度はそれぞれいくらか．a–t グラフを描け．

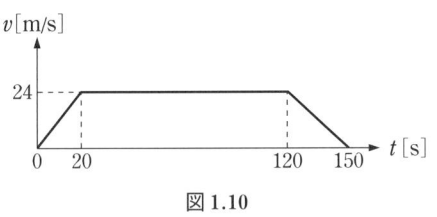

図 1.10

1A.14 東西方向に水平に伸びている直線道路を走っている自動車がある．東を $+x$ 方向，西を $-x$ 方向として次の問に答えよ．
(1) 自動車は東向きに一定の速さで動いている．この状況にあてはまる v–t グラフは図 1.11 のどれか．

① a ② c ③ d ④ h

(2) 自動車が進む向きを逆に変えることを示す v–t グラフは図 1.11 のどれか．

① c ② f ③ g ④ 2 つ以上ある

(3) 東向きに動いている自動車が一定の割合で速さを増加していることを示す v–t グラフは図 1.11 のどれか．

① d ② f ③ 2 つ以上ある
④ あてはまる図はない

1A.15 東西方向に水平に伸びている直線道路を走っている自動車がある．東を $+x$ 方向，西を $-x$ 方向として以下の問に答えよ．
(1) 自動車は東向きに動き，速さが一定の割合で増加している．この状況にあてはまる a–t グラフは図 1.12 のどれか．

① a ② b ③ c ④ d

(2) 自動車は東向きに動き，速さが一定の割合で減少している．この状況にあてはまる a–t グラフは図 1.12 のどれか．

① b ② c ③ f ④ g

(3) 自動車は西向きに一定の速さで動いている．この状況にあてはまる a–t グラフは図 1.12 のどれか．

① b ② c ③ f ④ g

(4) 自動車は西向きに動き，速さが一定の割合で増加している．この状況にあてはまる a–t グラフは図 1.12 のどれか．

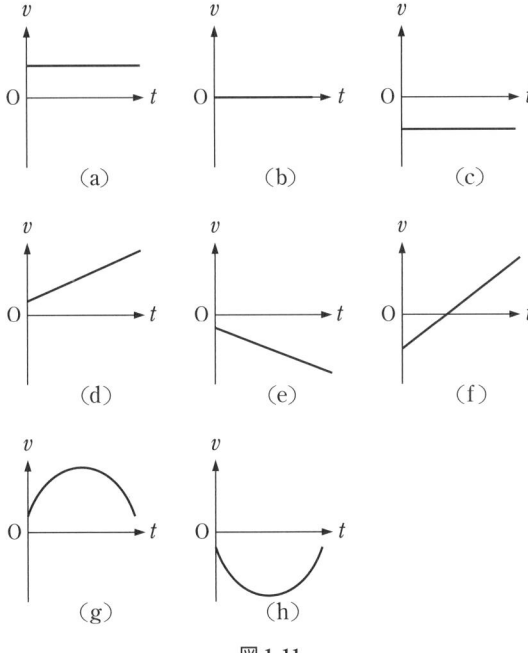

図 1.11

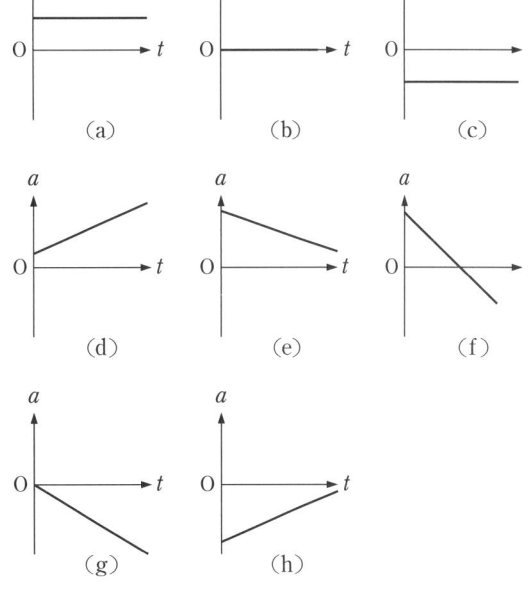

図 1.12

① a　② b　③ c　④ f
(5) 自動車は東向きに一定の速さで動いている．この状況にあてはまる a-t グラフは図 1.12 のどれか．
① a　② b　③ c　④ f
(6) 自動車は西向きに動き，速さが一定の割合で減少している．この状況にあてはまる a-t グラフは図 1.12 のどれか．
① a　② b　③ f　④ g

1A.16 ある座標系で，ある瞬間に，負の向きの速度で直線運動している物体がある．この物体が，正の向きの一定の加速度を持ち続けるとどうなるか．正しい答えを選べ．
① 負の向きの速度で運動し続ける．
② 瞬間的に正方向の速度に変わる．
③ 負の向きの速度の大きさが次第に減少して，いったん速度は 0 になる．それから物体は正の向きの速度で運動し，速さは次第に増加していく．
④ 以上のどれにも当てはまらない．

1A.17 空気抵抗が無視できる場合，物体が自由落下するときの加速度を何というか．

1A.18 図 1.13 の r_1 と r_2 に対する $\Delta r = r_2 - r_1$ を求めよ．

1A.19 図 1.14 の自動車 2 に対する自動車 1 の相対速度 $v_{12} = v_1 - v_2$ を求めよ．

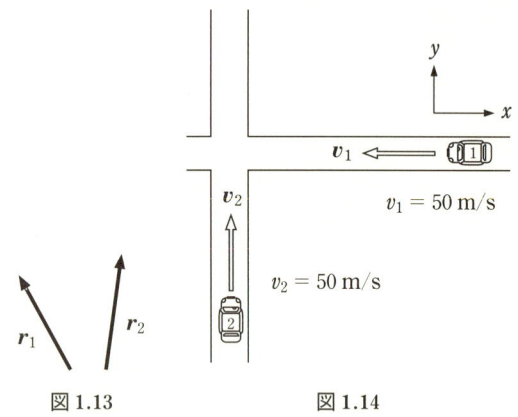

図 1.13　　　　図 1.14

1A.20 図 1.15 の v_1 と v_2 に対する $\Delta v = v_2 - v_1$ を求めよ．

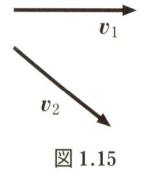

図 1.15

1A.21 下降していた飛行機が上昇に転じた，加速度の方向を述べよ．

1A.22 物体が点 A から点 B まで移動した．このとき，物体の「変位の大きさ」について正しいものを選べ．
① 変位の大きさは，点 A と点 B の直線距離より大きいことがある．
② 変位の大きさは，物体が移動した実際の経路の長さに関わらず，点 A と点 B の 2 点間の直線距離に等しい．
③ 変位の大きさは，物体が点 A から点 B まで移動した経路の長さに等しい．
④ 点 A と点 B が同じ点の場合でも，変位の大きさが 0 でないことがある．

1A.23 運動している物体の変位と平均速度について，正しくないものはどれか．
① ベクトルとしての変位とベクトルとしての平均速度は同じ向きである．
② 物体の「平均速度の大きさ」と「平均の速さ」は同じである．
③ 「平均速度」×「時間」は「変位」である．
④ 「変位」が **0** なら「平均速度」も **0** である．

1A.24 自動車が一定の速さで走っている．直線から左カーブに入ったが，そのまま一定の速さでカーブを通過した．この通過の過程についての説明で，最も適当なのは次のどれか．
① 左カーブでは，一切加速はしていない．
② 左カーブでは，進行方向に対して左向きに加速している．
③ 左カーブでは，進行方向に対して右向きに加速している．
④ カーブでは，進行方向に加速しないと一定の速さを保てない．

1A.25 ある物体は半径 10 m の円の上を，一定の速さで運動している．1 周するのにかかる時間は 12 秒である．
(1) 図 1.16 に 1 秒ごとの平均速度を表す矢印を記入せよ．
(2) 6 秒間の平均速度の大きさはいくらか．
(3) 12 秒間の平均速度の大きさはいくらか．

1A.26 図 1.17 の等速円運動している物体の 2 点 A, B の間での平均加速度の向きを求めよ．

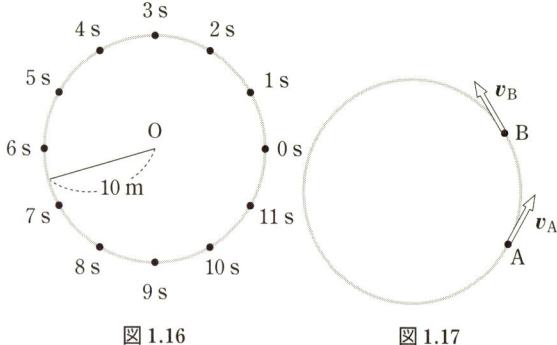

図 1.16　　　　図 1.17

演習問題 1B

1B.1 速さの国際単位は m/s（秒速…メートル）であるが，電車や自動車の速さを表す場合には km/h（時速…キロメートル）を使う方が便利である．警官が，制限速度 40 km/h の道路の距離 200 m の 2 点間の車の通過時間を測定して，速度制限違反の車を摘発している．通過時間が 30 秒の車は速度制限違反だろうか．

1B.2 x 軸に沿って走る 2 台の自動車 A, B の運動を 1 つの x-t グラフに描くと，x-t 線は 1 点で交わる．
(1) 連立方程式 $x = (100\,\mathrm{km/h})t$,
$$x = (50\,\mathrm{km}) - (50\,\mathrm{km/h})t$$
を解いて，交点の t と x の値を求めよ．交点はどのような点か．
(2) この連立方程式から単位記号を省いて，
$$x = 100t, \quad x = 50 - 50t$$
と表すと，x と t は何を表すか．

1B.3 同じ直線道路を歩いている A の速さは B の速さより大きいのに，速度については $v_A < v_B$ ということはあり得るか．あるとすれば，どのような場合か．

1B.4 長さ 50 m のプールを分速 100 m，つまり，$v = 100$ m/min の一定な速さで 200 m 泳いだ場合の x-t 図と v-t 図を描け．

1B.5 直線運動には向きがあり，速度には正負の符号があるので，$\bar{a} < 0$ でも速さが減少するとは限らないし，$\bar{a} > 0$ でも速さが増加するとは限らないことを例で示せ．

1B.6 図 1.18 は片側 2 車線の直線道路を走っている 2 台の自動車 A, B の x-t グラフである．次の文章は正しいかどうかを答えよ．
① 時刻 t_A で 2 つの自動車の速度は等しい．
② 時刻 t_A で 2 つの自動車の位置は等しい．
③ 2 つの自動車は加速し続けている．
④ 時刻 t_A の前のある時刻に，2 つの自動車の速度は等しくなる．
⑤ 時刻 t_A の前のある時刻に，2 つの自動車の加速度は等しくなる．

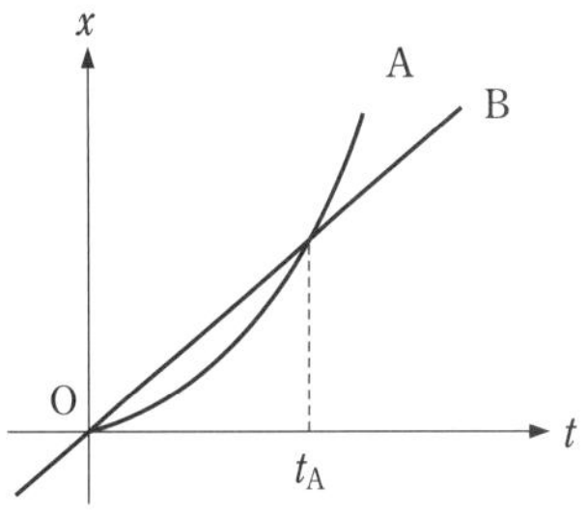

図 1.18

1B.7 図 1.19 のように，A 君と B さんがデパートのエスカレーターですれちがった．エスカレーターの速さは両方とも 1.5 m/s だとすると，B さんの A 君に対する相対速度 $v_{BA} = v_B - v_A$ はいくらか．

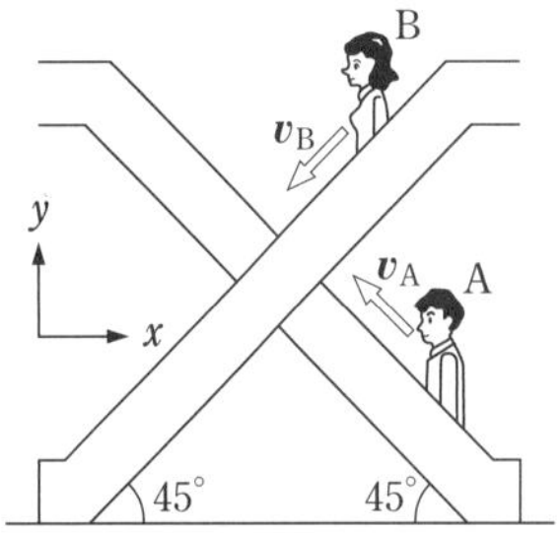

図 1.19

演習問題 1C ―応用―

1C.1 広い道の真ん中に一定の速さ v_0 で動く横幅 L の広い動く歩道がある．この動く歩道の上を，動く歩道に対して一定の速度 v で歩く人がいる（図 1.20）．
(1) 動く歩道の一方の端からもう一方の端まで最短時間で横切るには，どのように歩けばよいか．そのときにかかる時間 t_1 はいくらか．
(2) 動く歩道の一方の端 A からもう一方の端まで，道に対して垂直に歩くには，どのように歩けばよいか．そのときにかかる時間 t_2 はいくらか．

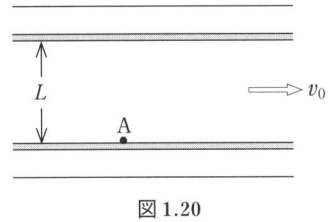

図 1.20

1C.2 時刻 t における位置座標 (x, y) が，A, B, C, D, E を定数として，
$$x = At + B, \quad y = Ct^2 + Dt + E$$
で与えられる平面運動する物体がある．運動が次の条件を全て満たすとき，A, B, C, D, E を求めよ．
(1) 加速度ベクトルは $\boldsymbol{a} = (0, -1.0\,\mathrm{m/s^2})$ である．
(2) $t = 0$ で速度ベクトルは $\boldsymbol{v} = (2.0\,\mathrm{m/s}, 1.0\,\mathrm{m/s})$ である．
(3) $t = 0$ で位置ベクトルは $\boldsymbol{r} = (0\,\mathrm{m}, 4.0\,\mathrm{m})$ である．

運動の法則と力の法則 2

第 2 章の要約

■ **運動の第 1 法則（慣性の法則）**

物体は力の作用を受けなければ（あるいは力の和が 0 ならば），静止している物体は静止状態を続け，運動している物体は等速直線運動を続ける．

■ **運動の第 2 法則（運動の法則）**

物体に力が作用するとき，物体には力の向きに加速度が生じる．加速度の大きさは力の大きさに比例し，物体の質量に反比例する．

運動方程式 「質量」×「加速度」=「力」 $m\boldsymbol{a} = m\dfrac{d^2\boldsymbol{r}}{dt^2} = \boldsymbol{F}$ （$ma_x = F_x, \ ma_y = F_y, \ ma_z = F_z$）

等速円運動する物体の運動方程式 $F = m\dfrac{v^2}{r} = mr\omega^2, \quad \boldsymbol{F} = -m\omega^2 \boldsymbol{r}$

■ **運動の第 3 法則（作用反作用の法則）**

物体 A が物体 B に力 $\boldsymbol{F}_{B\leftarrow A}$ を作用していれば，物体 B も物体 A に力 $\boldsymbol{F}_{A\leftarrow B}$ を作用している．2 つの力は逆向きで，大きさは等しい．$\boldsymbol{F}_{B\leftarrow A} = -\boldsymbol{F}_{A\leftarrow B}$

■ **質量** 物体の慣性の大きさを表す量であり，重力を生じさせる原因になるものでもある．

■ **力** 物体の運動状態を変化させたり，変形させたりする原因になる作用．国際単位はニュートン $N = kg\cdot m/s^2$．実用単位に kgw，kgf がある．$1\,kgw = 1\,kgf \approx 9.8\,N$．

2 つの力 $\boldsymbol{F}_1, \boldsymbol{F}_2$ の合力 2 つの力 $\boldsymbol{F}_1, \boldsymbol{F}_2$ と同じ効果を与える 1 つの力．平行四辺形の規則 $\boldsymbol{F} = \boldsymbol{F}_1 + \boldsymbol{F}_2$ にしたがう．$\boldsymbol{F} = \boldsymbol{F}_1 + \boldsymbol{F}_2 = (F_{1x}+F_{2x}, F_{1y}+F_{2y}, F_{1z}+F_{2z})$

垂直抗力 接触している 2 物体（固体）が接触面を通して面に垂直にたがいに作用しあう力．

重力 万有引力の合力．質量 m の物体に作用する重力の強さ W は，$W = mg$． $g \approx 9.8\,m/s^2$

万有引力の法則 $F = G\dfrac{m_1 m_2}{r^2}$

例題 2.1 2 つのドーナツ型磁石 A, B がある．磁石 A を机上に置き，その上から同じ磁極が向き合うようにして磁石 B を近づけると，磁力により B は A の上に浮いた状態で静止した．ただし，磁石 B が反発力により，中心軸からはずれないよう，2 つの磁石は垂直に立てた木の棒に通してある．しかし，棒から磁石が受ける力は無視するので，図 2.1 に棒は描かれていない．また図中の E は地球であり，×印はその重心である．A, B の受ける磁力を $\boldsymbol{F}_A$, $\boldsymbol{F}_B$, 重力を $\boldsymbol{W}_A, \boldsymbol{W}_B$, A が机から受ける垂直抗力を $\boldsymbol{N}_A$ とする．なお，磁石 A, B の質量は等しいものとする．

(1) 磁石 A, B が受ける力を図中に示し，その記号を書け．
(2) (1) の力の中で，作用反作用の関係にある力はどれとどれか．また，

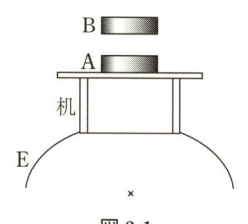

図 2.1

力のつり合いの関係にある力はどれとどれか.
(3) 垂直抗力 N_A の大きさ N_A を W_A, W_B の大きさ W_A, W_B で表せ.
(4) W_A, W_B のそれぞれと作用反作用の関係にある力は何か.

解 (1) 磁石 A は地球から重力 W_A, 磁石 B から磁力 F_A, 机から垂直抗力 N_A を受ける.

磁石 B は地球から重力 W_B, 磁石 A から磁力 F_B を受ける (図 2.2).

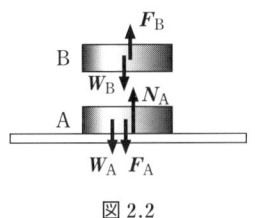

図 2.2

(2) 作用反作用の関係は, 力を及ぼし合う 2 物体のそれぞれに働く力の関係である. したがって, F_A と F_B が作用反作用の関係にある.

一方, 力のつり合いの関係は, 同一物体に働く力の関係である. 磁石 A に働く W_A, F_A, N_A の 3 力は力のつり合いの関係にある. また, 磁石 B に働く W_B, F_B の 2 力も力のつり合いの関係にある.

(3) 作用反作用の関係:$F_A = F_B$

磁石 A にはたらく力のつり合いの関係:
$$N_A = W_A + F_A$$
磁石 B にはたらく力のつり合いの関係:$F_B = W_B$
以上の関係より, $N_A = W_A + W_B$

(4) A, B が地球から受ける重力 W_A, W_B を作用とすると, その反作用は A, B が地球におよぼす重力 W_A', W_B' であり, 地球の重心に働く (図 2.3).

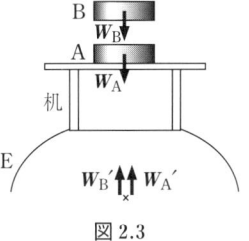

図 2.3

例題 2.2 2 つの金属の輪 A, B を図 2.4 のように軽い糸でつなぎ, 輪 A を手の力 F で鉛直上方に引き上げるときの輪 A, B の加速度を求めよ. 輪 A, B の質量を m_A, m_B とし, 糸は伸びないとする.

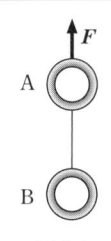

図 2.4

解 2 つの輪と糸の速度も加速度も同じなので, 共通の加速度を a とおく. 糸の質量を $m \approx 0$ とする. 糸の鉛直方向の運動方程式は (図 2.5),
$$S_1 - S_2 - mg = ma \quad \therefore \quad S_1 - S_2 = m(a+g) \approx 0$$
輪 A, B の鉛直方向の運動方程式は (図 2.6),

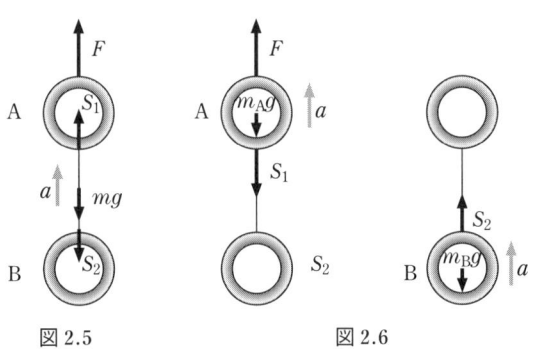

図 2.5   図 2.6

輪 A:$m_A a = F - m_A g - S_1$
輪 B:$m_B a = S_2 - m_B g$

2 つの輪の式の左右両辺をそれぞれ加えて, $S_1 = S_2$ という結果を使うと,
$$(m_A + m_B)a = F - (m_A + m_B)g$$
$$\therefore \quad a = \frac{F}{m_A + m_B} - g$$

なお, $(m_A + m_B)a = F - (m_A + m_B)g$ という運動方程式は, 質量 $m_A + m_B$ の 2 つの輪に作用する外力は, 手の力 F と重力 $(m_A + m_B)g$ だけであることからただちに導ける.

糸の張力 S は $\quad S = m_B(a+g) = \dfrac{m_B F}{m_A + m_B}$.

例題 2.3 なめらかな机の上に質量 M の物体 A を置き，質量 m の物体 B と糸で結ぶ．物体 B は図 2.7 のように滑車を通して机の側面につり下げる．手をはなしたところ，A は等加速度 a で右向きに運動した．重力加速度の大きさを g とする．

(1) 糸の張力を T として A, B の運動方程式をつくれ．
(2) 加速度 a を求めよ．
(3) 糸の張力を求めよ．
(4) $M \gg m$ のとき，糸の張力はいくらになるか．また，$M \ll m$ の場合はどうか．

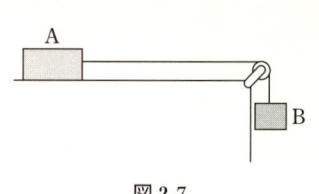

図 2.7

解 (1) 糸の質量が無視できれば，糸のどの部分でも張力は等しい（例題 2.2）．したがって，物体 A が受ける張力も物体 B が受ける張力も等しく T である．また，糸が伸びることがなければ，A の右向きの加速度と B の下向きの加速度は等しい．それぞれの加速度を a とし，A においては右向きを正，B においては下向きを正とすれば，次の運動方程式が得られる（図 2.8）．

$$A : Ma = T \qquad B : ma = mg - T$$

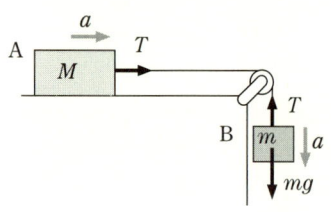

図 2.8

(2) 2 つの式の左右両辺をそれぞれ加えると，$Ma + ma = mg$ が得られるので，
$$a = \frac{mg}{M+m}$$

(3) (2) で得られた加速度 a を A の運動方程式 $Ma = T$ に代入すると
$$T = Ma = \frac{Mmg}{M+m}$$

(4) M が m に比べて十分に大きいとき，すなわち $M \gg m$ のときは
$$T = \frac{Mmg}{M+m} = \frac{mg}{1+\frac{m}{M}}$$ なので，$\frac{m}{M} \to 0$ とすれば，$T = mg$ となる．

$M \ll m$ のときは，同様にして，$T = Mg$ となる．

例題 2.4 質量 m の物体に長さ l の糸をつけて振り子とし，適当な位置から振らしたところ，最下点での速さが v であった（図 2.9）．このときの糸の張力は，振り子が最下点で静止していたときの何倍か．

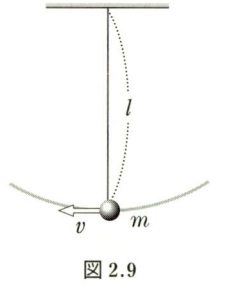

図 2.9

解 振り子が静止しているときは，糸の張力 T と重力 mg の力のつり合いから，$T = mg$ [図 2.10(a)]，一方，最下点を速度 v で通過しているときは，物体は半径 l の円運動をしているので，向心加速度 $a = \dfrac{v^2}{l}$ が生じている [図 2.10(b)]．このときの糸の張力を T' とすると，物体の運動方程式は，$m\dfrac{v^2}{l} = T' - mg$．した

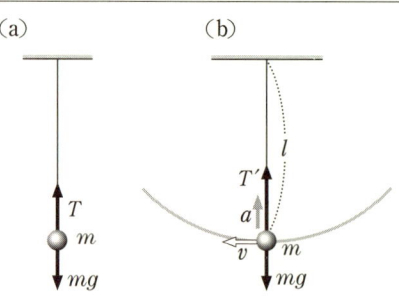

図 2.10

がって，$T' = m\dfrac{v^2}{l} + mg$ なので，$T' > T$ であり，

$\dfrac{T'}{T} = 1 + \dfrac{v^2}{lg}$． $\therefore$ $1 + \dfrac{v^2}{lg}$ 倍

演習問題 2A

2A.1 無風状態の空気中を一定の速さで落下する雨滴に作用する重力 W と，空気抵抗 F の関係を，ベクトル W と F の式として表せ（図 2.11）．

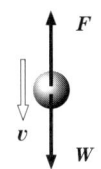

図 2.11

2A.2 コップの上にカードをのせ，その上に硬貨をのせて，カードを横に強く引くと，硬貨はコップの中に落ちる．その理由を説明せよ（図 2.12）．

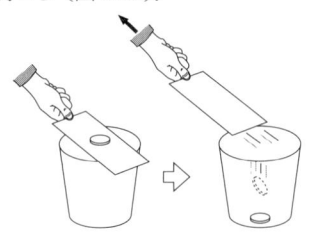

図 2.12

2A.3 一定の速度で飛行中の飛行機のエンジンの推力は 9000 N である．空気抵抗は何 N か．

2A.4 物体に一定の力が作用している．この力はどのような運動を生み出すか．

2A.5 箱を水平な床の上で滑らせる場合，押すのをやめるとやがて停止する．なぜか．

2A.6 摩擦のないなめらかな水平面上で，台車が x 軸に沿って運動する．右向きを x 軸の正の向きとする．図 2.13(a)〜(j) に示された力が台車に作用すると，(1)〜(8) の台車の運動を引き起こすという．それぞれに対応する力-時間グラフを (a)〜(j) の中から選べ．同じものを何度選んでもよい．

(1) 台車は右向きに一定の速度で動いている．
(2) 台車は静止している．
(3) 台車は静止状態から右向きに動き出し，その速さは一定の割合で増加していく．
(4) 台車は左向きに一定の速度で動いている．
(5) 台車は右向きに動いており，その速さは一定の割合で減少していく．
(6) 台車は左向きに動いており，その速さは一定の割合で増加していく．
(7) 台車は右向きに動き出し，速さが一定の割合で速くなっていった後に，一定の割合で遅くなっていく．
(8) 台車はしばらく右向きに押された後，手がはなれた．

2A.7 質量 20 kg の物体に力が作用して，物体は 5.0 m/s² の加速度で運動している．物体に働く力の大きさはいくらか．

2A.8 質量 2000 kg の自動車が質量 500 kg のトレーラーを引いて，加速度 1 m/s² で運動している．自動車がトレーラーを引く力は何 N か．また，トレーラーが自動車を引く力は何 N か．

2A.9 静止していた質量が 2.0 kg の物体に 20 N の力が 3 秒間作用したときの物体の速度を求めよ．

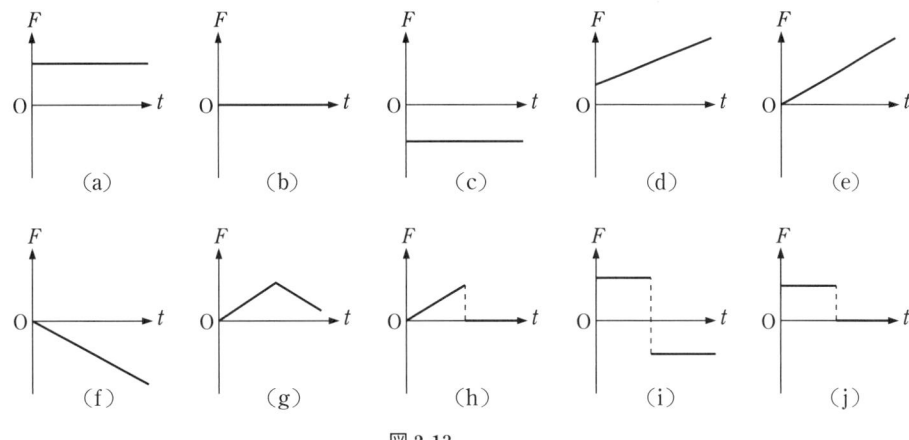

図 2.13

2A.10 物体にいくつかの力が作用するとき，同じ効果をもつ1つの力を何というか．

2A.11 図2.14に示す，大きさが等しい2つの力 F_1 と F_2（$|F_1|=|F_2|=F$）の合力の大きさを求めよ．
$\cos 30°=\dfrac{\sqrt{3}}{2}$，$\cos 45°=\dfrac{1}{\sqrt{2}}$，$\cos 60°=\dfrac{1}{2}$ を使え．

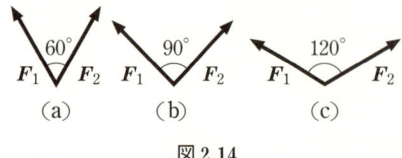

図2.14

2A.12 図2.15のように荷物を中央にぶらさげた針金の一端を固定し，他端を強く引く場合，いくら強く引いても針金を一直線にできない理由を述べよ．

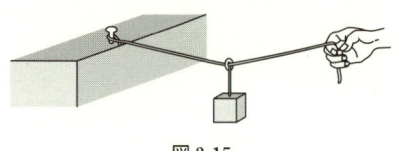

図2.15

2A.13 同じ材質で同じ太さの綱を使う場合，図2.16のブランコA, Bのどちらが丈夫か．

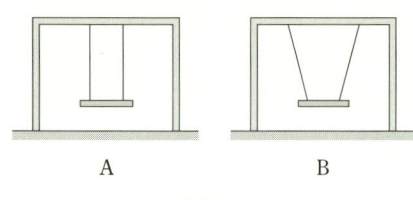

図2.16

2A.14 2つの力 $F_1=(5\mathrm{N}, 4\mathrm{N}, 3\mathrm{N})$，$F_2=(-3\mathrm{N}, -4\mathrm{N}, 5\mathrm{N})$ の合力を求めよ．

2A.15 同じ力をもつ2人の人間が1本のロープを引き合ったとき，ロープが切れた．これと同じロープの一端を壁に固定し，他端を引っ張ってロープを切ろうとするとき，この人間と同じ力を持つ人が何人必要か．

2A.16 図2.17のような水平な道路を一定の速さで走っている自動車がある．1→2, 2→3, 3→4, 4→1の4つの部分で，(1) 加速度の大きさが最大の部分はどこか．(2) 加速度の大きさが最小の部分はどこか．

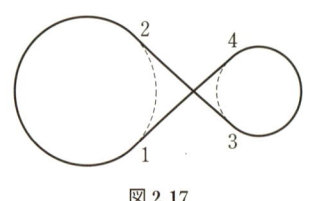

図2.17

2A.17 半径5 mのメリーゴーランドが周期10秒で回転している．中心から4 mのところにある木馬に体重25 kgの子どもが乗っている．この子どもに木馬が作用する向心力の大きさを求めよ．また，向心力の大きさは重力の大きさの何倍か．

2A.18 カーブで自動車の乗客に働く向心力は何が作用する力か．

2A.19 水の入っているバケツを手でもって鉛直面内で等速円運動させる．手がバケツに作用する力の大きさは一定か．一定でなければ，図2.18のどの位置で最大になるか．速く回すので，水はこぼれないとする．

図2.18

2A.20 次の文章は正しいか．
等速円運動をしている物体には円の接線方向を向いている力が作用している．

2A.21 半径1 mの等速円運動をしているおもちゃの自動車の向心加速度が重力加速度と同じ大きさになるのは，自動車の速さがどのくらいのときか．

2A.22 作用反作用の法則と2つの力のつり合いの違いを説明せよ．

2A.23 2人の人A, Bが棒をもって引っ張りあっていたが，AがBを引きずり始めた．このときの2人が棒を引く力の大きさ $F_{棒←A}$, $F_{棒←B}$ の大小関係を述べよ．

2A.24 トラックと軽自動車が正面衝突した．トラックと軽自動車が衝突中に作用し合う力の大きさ $F_{トラック←軽}$, $F_{軽←トラック}$ の大小関係を述べよ．

2A.25 止まっている自動車のフロントガラスを乗客が内側から押す場合．自動車は動くか．

2A.26 作用反作用の法則を使って，図2.19のボート

図2.19

2A.27 図 2.20 のように水平な床の上の台車 A, B を連結し，台車 A を $F = 40$ N の力で引っ張ると，2 台の台車は動き出す．A と B の共通の加速度 a の大きさ a を求めよ．台車 A, B の質量は $m_A = 10.0$ kg, $m_B = 6.0$ kg とせよ．

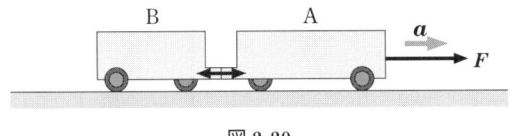

図 2.20

2A.28 質量 2 kg の金属の球を細い金属の線で吊ってある．金属の線が球に作用する力は何 N か．

2A.29 質量 m の本が机の上に置いてある．次の問に答えよ．
(1) 本に働く力の合力はいくらか．
(2) 机が本を押す力の大きさはいくらか．
(3) 本が机を押す力の大きさはいくらか．

2A.30 一定速度で上昇中のエレベーターの乗客は床から垂直抗力 N の作用を受けている．乗客に作用する重力を W とすると，N と W の大小関係は次のどれか．
① $N > W$ ② $N = W$ ③ $N < W$

2A.31 (1) 質量 m の物体をひもで吊るし，ひもを一定の速度で引き上げるとき，ひもの張力の大きさ T と重力の大きさ mg の関係は，① $T > mg$, ② $T = mg$, ③ $T < mg$ のどれか．
(2) 引き上げる速度が減速している場合には，T と mg の関係はどうなるか．

2A.32 (1) 距離が 2 倍になると万有引力は何倍になるか．
(2) 太陽が地球に及ぼす万有引力と地球が太陽に及ぼす万有引力を比べよ．

演習問題 2B

2B.1 天井から糸でおもりを吊り下げ，さらにそのおもりの下に上と同じ糸をつける（図 2.21）．下の糸を急に強く引くと下の糸が切れ，糸を引く力をゆっくりと強くしていくと上の糸が切れる．この事実を説明せよ．

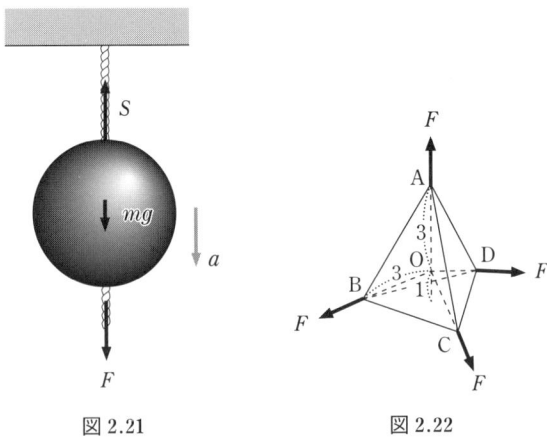

図 2.21　　　　図 2.22

2B.2 図 2.22 のように，正四面体の 4 つの頂点を，相対する面と垂直な方向に，同じ大きさの力で，引っ張ると，4 つの力がつり合う．つまり，4 つの力の合力は 0 である．この事実を使って，正四面体の中心（4 つの力の作用線の交点）は頂点と相対する面の中心を結ぶ線分を 3 対 1 に内分する点であることを示せ．

2B.3 大きさの異なる 2 つの力 F_1, F_2 の合力が 0 であることはありうるか．

2B.4 遊園地には，パイプの先に飛行機型のゴンドラをつけて柱のまわりに回転させる装置がある（図 2.23）．パイプの長さ L を 5 m とし，ゴンドラを $\theta = 60°$ に上げて回すために必要な角速度 ω を求めよ．パイプの質量は無視せよ．この場合に 1 周するのに必要な時間は何秒か．

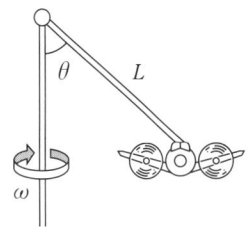

図 2.23

2B.5 図 2.24 のローラースケートをはいた 2 人が押し合うと，どのような運動が生じるか．路面はローラースケートに水平方向の力を作用しないものとする．

図 2.24

2B.6 屋上から横に伸びている棒に滑車がついていて，ロープがかかっている．その一端を台に固定し，もう一方の端を台に坐っている乗客が引っ張ると乗客と台は上昇できるか（図 2.25）．乗客は台にシートベルトで固定されている．

2B.7 図 2.26 に示す装置をアトウッドの機械という．簡単のために，滑車の質量は無視できるので，滑車の役割はひもの張力の向きを変えることだけであるとする．質量が m_A と m_B のおもりの加速度の大きさ a と張力の強さ S を求めよ．

図 2.25

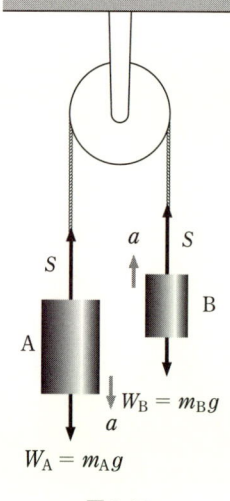

図 2.26

演習問題 2C

2C.1 質量の単位に kg, 加速度の単位に m/s^2, 力の単位に kgw を選べば，ニュートンの運動方程式は
$$ma = [9.8\,\text{N/kgw}]F$$
となることを示せ．

2C.2 固定された角度 θ のあらい斜面上に，質量 M の物体 A が糸で皿 B に滑車を通して連結されている（図 2.27）．物体 A と斜面との静止摩擦係数を μ，動摩擦係数を μ' とする．また，滑車や糸，皿 B の質量は無視でき，糸は伸びたり縮んだりすることがない．重力加速度の大きさを g として以下の問いに答えよ．
(1) 皿 B に質量が m_0 以上のおもりを載せると，A は斜面に沿って上向きに滑り始めた．m_0 を求めよ．
(2) 皿 B に質量 $m(>m_0)$ のおもりを載せたとき，A は斜面に沿って上向きに滑った．そのときの A の加速度 a，糸の張力 T を求めよ．
(3) 皿 B に載せるおもりの質量を小さくしていったところ，質量が m_1 より小さくなったところで，物体 A は斜面に沿って下向きに滑り始めた．皿 B に質量 $m(<m_1)$ のおもりを載せたときの A の加速度 a'，糸の張力 T' を求めよ．また，m_1 はいくらか．

2C.3 長さ L のひもの上端を固定し，下端に質量 m のおもりをつけ，糸が鉛直と角 θ をなすようにおもりを半径 $L\sin\theta$ の円運動をさせて，ひもが円錐面上を運動するような装置を円錐振り子という（図 2.28）．この場合は糸の張力 S と重力 mg の合力 F が向心力である．
(1) おもりの速さ v を求めよ．
(2) おもりの円運動の周期 T を求めよ．
(3) おもりの質量を 0.5 kg とする．ひもは 1.0 kg のおもりをぶら下げると切れるものだとすると，円錐振り子のひもが鉛直となす角 θ が何度のときに切れるか．
(4) ひもの長さが 1.0 m，$\theta = 30°$ のときの周期 T を求めよ．

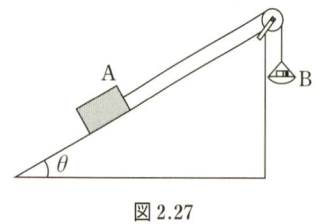

図 2.27

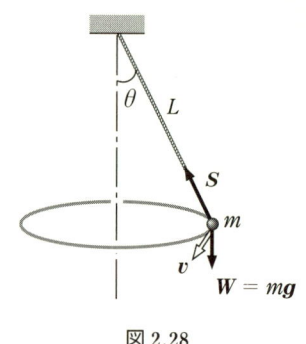

図 2.28

力 と 運 動

第 3 章の要約

運動方程式と初期条件 運動方程式 $m\dfrac{d^2x}{dt^2} = F$ は，2次導関数 $\dfrac{d^2x}{dt^2}$ を含む2階の微分方程式で，物体の運動を表す解 $x(t)$ は2つの任意定数を含む．初期条件とよばれる $t = 0$ での位置 x_0 と速度 v_0 を決めれば，解は完全に決まる．

速度と変位の関係 時刻 t_A から時刻 t_B までの物体の変位 $x_B - x_A$ は，v–t 図の v–t 線，横軸（t 軸），$t = t_A$，$t = t_B$ という4本の線で囲まれた領域の面積に等しい（t 軸より下の部分の面積はマイナス）．

等加速度直線運動の速度 $v(t) = at + v_0$ （$v_0 = 0$ の場合 $v = at$）

等加速度直線運動の変位 $x(t) - x_0 = \dfrac{1}{2}at^2 + v_0 t$ （$v_0 = 0$ の場合 $x(t) - x_0 = \dfrac{1}{2}at^2$）

初速度が 0，加速度が a の等加速度直線運動で，時間 t が経過した後の速度を v，変位を x とすると，$v = at$，$x = \dfrac{1}{2}at^2$，$2ax = v^2$ などの関係がある．

初速度 v_0 の物体が一定の加速度 $-b$ で減速して，距離 x 移動して，時間 t_1 が経過した後に停止する場合 $v_0 = bt_1$，$2bx = v_0^2$，$2x = v_0 t_1$，$2x = bt_1^2$ などの関係がある．

粘性抵抗 流体中の遅い物体に働く，速さ v に比例する流体の抵抗力．$F = bv$（b は定数）

慣性抵抗 流体中の速い物体に働く，速さ v の2乗に比例する流体の抵抗力．$F = \dfrac{1}{2}C\rho Av^2$

ρ は流体の密度，A は運動物体の断面積，C は 0.3～1 の定数．

垂直抗力 接触している2物体（固体）が接触面を通して面に垂直にたがいに作用し合う力．

静止摩擦力 接触している2物体がたがいに相手の物体が運動しはじめるのを妨げる向きに作用する力．静止摩擦力の最大値 $F_{\max}$ を最大摩擦力といい，$F_{\max} = \mu N$（N は垂直抗力）．比例定数 μ を静止摩擦係数という．

動摩擦力 速度に差がある接触している2物体の速度の差を減らす向きに働く力．$F = \mu' N$．比例定数 μ' を動摩擦係数という．

運動量 「運動量」＝「質量」×「速度」 $p = mv$

力積 「力積」＝「力」×「力の作用時間」 $F\Delta t$

運動量の変化と力積の関係 運動量の変化 ＝ 力積 $mv' - mv = F\Delta t$

例題 3.1 科学博物館に行くと，図 3.1 に示すような装置がある．斜面の上端で球から静かに手を同時にはなすときゴールまで速く到達するのは，走路の一部に前後対称な窪みのある走路 ② の方であることを示せ．簡単のため，球が回転することを無視し，質量 m の質点が重力と垂直抗力だけの作用を受けて運動すると考えよ．

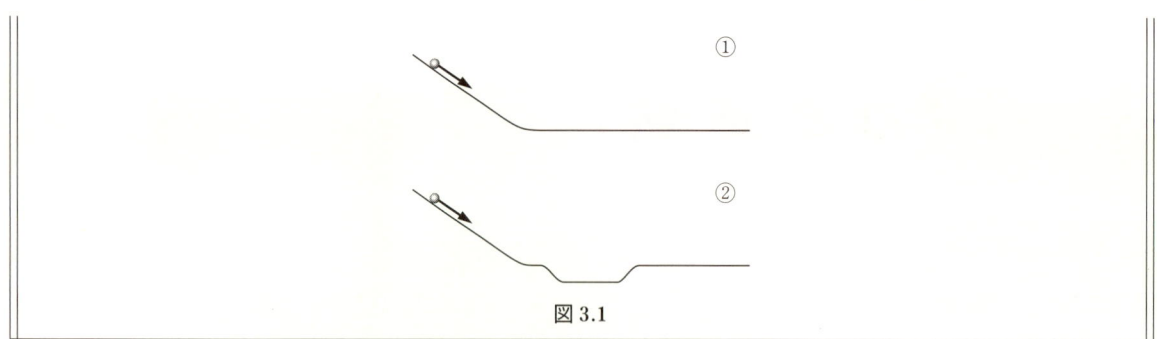

図 3.1

解 水平と角 θ をなす斜面上の質点に作用する合力は，斜面に沿って下向きに $mg\sin\theta$ なので，加速度の大きさは $g\sin\theta$ である（図 3.2）．したがって，加速度の水平方向成分は，斜め下向きに運動するときには $g\sin\theta\cos\theta$ であり，斜め上向きに運動するときは $-g\sin\theta\cos\theta$ である．窪みは前後対称なので，走路②の窪み部分での質点の速度の水平方向成分は走路①を運動する質点の速さより大きい．したがって，窪みのある走路②を通る質点の方がゴールに速く着く．

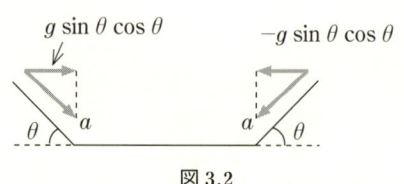

図 3.2

例題 3.2 なめらかな平面上を x 軸の正の向きに初速度 v_0 で水平に打ち出された質量 m の物体がある．物体には速度の 2 乗に比例する空気抵抗 f が働くという．すなわち，ある瞬間の物体の速度が v のとき空気抵抗は $f = -\alpha v^2$ と表すことができる．α は正の定数である．物体は空気抵抗以外の摩擦力は受けないとして，以下の問に答えよ．

(1) 物体の運動方程式を書け．
(2) 物体が速度 v_0 で打ち出されてから t 秒後の速度 v を求めよ．
(3) 打ち出された物体の速度がちょうど半分になるまでに要する時間 τ はいくらか．
(4) 打ち出された物体が，時間 T の間に進む距離 X はいくらか．また，静止するまでに進む距離はいくらか．

解 (1) $m\dfrac{\mathrm{d}v}{\mathrm{d}t} = -\alpha v^2$

(2) $m\dfrac{\mathrm{d}v}{\mathrm{d}t} = -\alpha v^2$ から得られる $m\dfrac{\mathrm{d}v}{v^2} = -\alpha\,\mathrm{d}t$ の両辺を積分して，$m\displaystyle\int_{v_0}^{v}\dfrac{\mathrm{d}v'}{v'^2} = -\alpha\int_0^t \mathrm{d}t$.

$\therefore\ m\left(\dfrac{1}{v_0} - \dfrac{1}{v}\right) = -\alpha t$. この式を整理して

$$v = \dfrac{v_0}{1 + \dfrac{\alpha v_0}{m} t}$$

(3) 題意より，$\dfrac{v_0}{2} = \dfrac{v_0}{1 + \dfrac{\alpha v_0}{m}\tau}$ $\therefore\ \tau = \dfrac{m}{\alpha v_0}$

(4) $\dfrac{\mathrm{d}x}{\mathrm{d}t} = v(t)$ より得られる $\mathrm{d}x = v(t)\,\mathrm{d}t$ の両辺を積分すれば，時間 T の間に進む距離 X が得られる．

$\displaystyle\int_0^X \mathrm{d}x = \int_0^T v(t)\,\mathrm{d}t$,

$\therefore\ X = \displaystyle\int_0^T \dfrac{v_0}{1 + \dfrac{\alpha v_0}{m}t}\,\mathrm{d}t = \dfrac{m}{\alpha}\log\left(1 + \dfrac{\alpha v_0}{m}T\right)$

したがって，$T \to \infty$ で $X \to \infty$ である．つまり，v^2 に比例する空気抵抗以外の力が働かなければ，物体は無限に遠くまで行く．しかし，実際には v が小さくなれば v に比例する空気抵抗（粘性抵抗）や平面との摩擦を無視できなくなるので，この結論は非現実的である．

例題 3.3 海面から高さ h の崖の端より，水平面に対して角度 θ_0 の向きに速さ v_0 で石を投射した（図3.3）．空気抵抗の影響を無視し，重力加速度の大きさを g として以下の問に答えよ．
(1) 石が着水するまでの時間 t_1 を求めよ．
(2) 石が着水する直前の鉛直方向の速さはいくらか．
(3) 石が着水する位置は崖下から水平方向にいくらか．

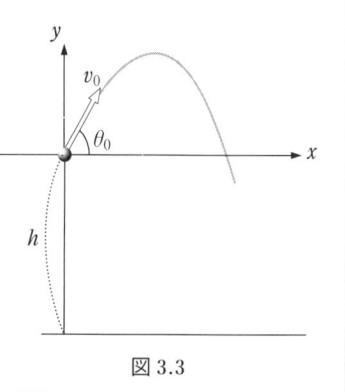

図 3.3

解 (1) 崖の端を原点にとり，海に向かう水平方向を x 軸，鉛直方向上向きを y 軸にとる．石は鉛直方向に加速度 $-g$ の等加速度運動をするので，投射後，時刻 t における位置 y は，$y = v_0 \sin\theta_0 t - \frac{1}{2} g t^2$．$t = t_1$ で $y = -h$ に達するので，$-h = v_0 \sin\theta_0 t_1 - \frac{1}{2} g t_1^2$．
整理して，$g t_1^2 - 2 v_0 \sin\theta_0 t_1 - 2h = 0$
$\therefore\ t_1 = \dfrac{v_0 \sin\theta_0 \pm \sqrt{(v_0 \sin\theta_0)^2 + 2gh}}{g}$
$t_1 > 0$ なので，$t_1 = \dfrac{v_0 \sin\theta_0}{g}\left[1 + \sqrt{1 + \dfrac{2gh}{(v_0 \sin\theta_0)^2}}\right]$

(2) 時刻 t での速度の y 成分 v_y は，$v_y = v_0 \sin\theta_0 - gt$．したがって $t = t_1$ での値 v_{1y} は，
$v_{1y} = v_0 \sin\theta_0 - g t_1$
$= v_0 \sin\theta_0 - v_0 \sin\theta_0 \left[1 + \sqrt{1 + \dfrac{2gh}{(v_0 \sin\theta_0)^2}}\right]$
$= -v_0 \sin\theta_0 \sqrt{1 + \dfrac{2gh}{(v_0 \sin\theta_0)^2}}$

(3) 石は x 軸方向に速さ $v_0 \cos\theta_0$ で等速直線運動するので，水平到達距離 X は，
$X = v_0 \cos\theta_0 \, t_1$
$= \dfrac{v_0^2 \sin\theta_0 \cos\theta_0}{g}\left[1 + \sqrt{1 + \dfrac{2gh}{(v_0 \sin\theta_0)^2}}\right]$
$= \dfrac{v_0^2 \sin 2\theta_0}{2g}\left[1 + \sqrt{1 + \dfrac{2gh}{(v_0 \sin\theta_0)^2}}\right]$

例題 3.4 角度 θ の粗い斜面上に質量 m の物体を置いたところ，物体は滑らずに面上で静止した．物体にひもを付け，図3.4(a)のように斜面に沿って静かに上向きに引いていったところ，ちょうど大きさが F の力を加えたところで，物体は斜面を上昇した．物体と斜面との静止摩擦係数を μ，重力加速度の大きさを g として F を求めよ．また，ひもを物体の下側に付け，下向きに引いていき，ちょうど F' の大きさの力を加えたところで物体が斜面を下降した［図3.4(b)］．F' を求めよ．

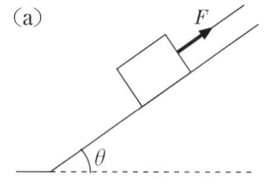
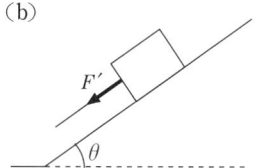

図 3.4

解 物体が斜面を滑り上る直前，物体に働く静止摩擦力は最大摩擦力 $F_{\max}$ に達している．
このとき，物体が受ける力はつり合っているので，斜面に平行上向きに x 軸，斜面に垂直な向きに y 軸をとれば，力のつり合い条件は［図3.5(a)］，
x 軸方向：$F - mg \sin\theta - F_{\max} = 0$，
y 軸方向：$N - mg \cos\theta = 0$
最大摩擦力は $F_{\max} = \mu N$ なので，
$F = mg \sin\theta + F_{\max} = mg \sin\theta + \mu mg \cos\theta$
$= mg(\sin\theta + \mu \cos\theta)$
糸を下向きに引く場合，斜面に平行下向きに x 軸，斜面に垂直な向きに y 軸をとれば，力のつり合いの条

件は[図 3.5(b)],
x 軸方向：$F' + mg \sin\theta - F_{\max} = 0$,
y 軸方向：$N - mg \cos\theta = 0$
$\therefore\ F' = -mg \sin\theta + F_{\max}$
$= -mg \sin\theta + \mu mg \cos\theta$
$= mg(-\sin\theta + \mu \cos\theta)$

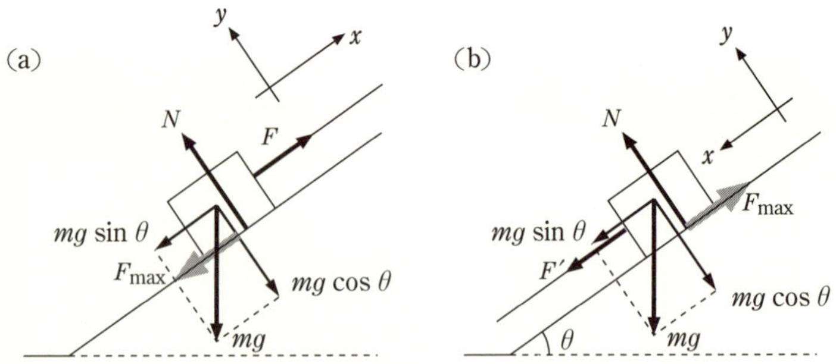

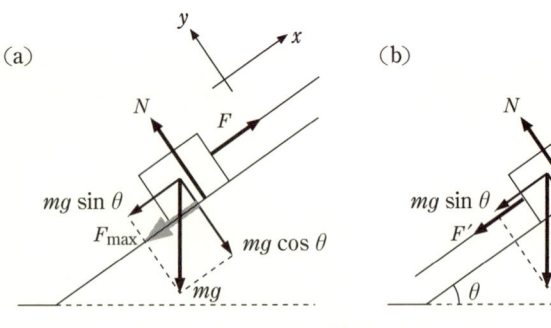

図 3.5

演習問題 3A

3A.1 横浜のランドマークタワーに 2 階から 69 階の展望台までを 38 秒で走行するエレベーターがある．出発してから最初の 16 秒間は一定の割合で速度が増加し，最高速度の 12.5 m/s に達した後，6 秒間等速運動する．その後 16 秒間は一定の割合で速度が減少していき，69 階に到着する．上向きを $+x$ 方向として，
(1) エレベーターの v-t 図を描け．
(2) エレベーターの加速度を求めよ．
(3) エレベーターの移動距離を計算せよ．

3A.2 初速度 0，加速度 a の等加速度直線運動で，時間 t が経過した後の速度を v，変位を x とすると，
① $v = at$ ② $x = \frac{1}{2}at^2$ ③ $2ax = v^2$
などの関係がある．加速度が a，離陸するために必要な速さが v のジェット機が離陸するのに必要な距離 x を求める場合，どの関係を使えばよいか．

3A.3 時速 150 km のボールを投げる投手の手は，投げはじめから球が手を離れるまで，直線上を 1.5 m 動くとすると，この間のボールの加速度 a はいくらか．

3A.4 初速度 v_0 の物体が一定の加速度 $-b$ で減速して，距離 x 移動して，時間 t_1 が経過した後に停止する場合
① $v_0 = bt_1$ ② $2bx = v_0^2$ ③ $2x = v_0 t_1$
④ $2x = bt_1^2$
などの関係がある．速度が $v_0 = 20$ m/s の車が一様に減速して $x = 100$ m 走って停止するための加速度 $-b$ を求める場合，どの関係を使えばよいか．

3A.5 ピッチャーが投げた時速 144 km の球 (0.15 kg) をキャッチャーがミットを 0.2 m 引きもどして捕球するとき，ミットに働く平均の力を推定せよ．

3A.6 ジェット機が滑走路に進入速度 $v_0 = 80$ m/s = 288 km/h で進入し，一様に減速して 50 秒間で静止した．このときの平均加速度と着陸距離を求めよ．

3A.7 自動車に急ブレーキをかけると道路にタイヤの跡が残る．この長さは自動車の速さに比例するか．

3A.8 粗い水平な床の上へ，水平に速さ 40 m/s で放り出された質量 2 t の荷物が，40 m 滑った後で止まった．摩擦力は何 N か．動摩擦係数 μ' はいくらか．

3A.9 高さが 78.4 m の塔から物体を落とした．地面に届くまでの時間と地面に到着直前の速さを求めよ．空気の抵抗は無視できるものとする．

3A.10 落下時間が t の場合，落下速度は $v = gt$ で，落下距離は $x = \frac{1}{2}gt^2$ である．
(1) 落下時間 t が 3 倍になれば，落下距離 x は何倍になるか．
(2) 落下距離 x が 4 倍になれば，落下時間 t は何倍になるか．

3A.11 自由落下の落下時間が t の場合，落下速度は $v = gt$ で，落下距離は $x = \frac{1}{2}gt^2$ である．平均速度を求めよ．

3A.12 鉛直投げ上げ運動の v-t 図の図 3.6 をみて，時間 $0 < t < t_1$，$t = t_1$，$t_1 < t < t_2$ での石の運動の向きを言葉で説明せよ．

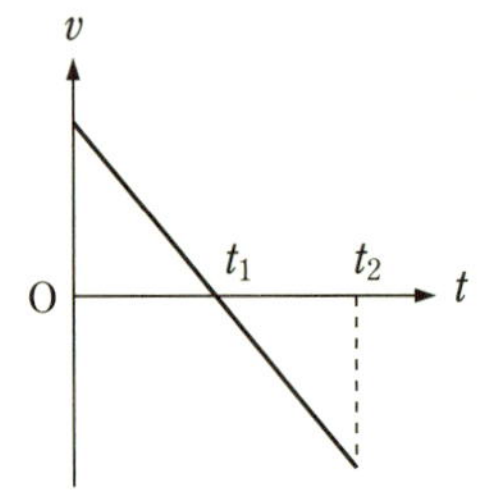

3A.13 石を真上に投げ上げた．次の問に答えよ．
(1) 最高点での速度はいくらか．
(2) 最高点での加速度はいくらか．

図 3.6

3A.14 壁のそばで，片手を上に伸ばしながらジャンプしたら，地面に立っているときに比べて，手の先は 1 m 上まで届いた．滞空時間は何秒か．

3A.15 ボールを真上に投げた．ボールをはなしてから再び同じ位置に戻るまでの速度-時刻図（v-t 図）は図3.7のどれか．上向きを正として答えよ．ただし，空気の抵抗は無視できるものとする．

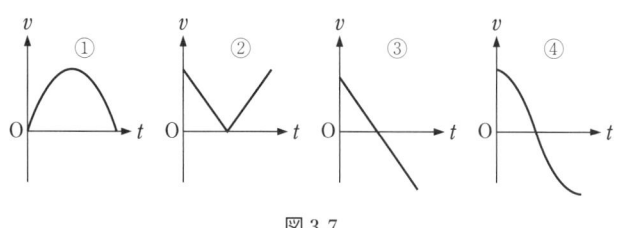

図 3.7

3A.16 机の上のパチンコ玉を指ではじいて床に落下させる．玉が机の縁を離れる瞬間に，別の玉を机の横から床へ自由落下させると，2つの玉は床に同時に落ちることがわかる．図3.8は2つの玉の落下を $\frac{1}{30}$ 秒ごとに光をあてて写した写真で，物指の目盛は cm である．この写真から水平に投射された玉の水平方向の運動と鉛直方向の運動はそれぞれどのような運動であることがわかるか．

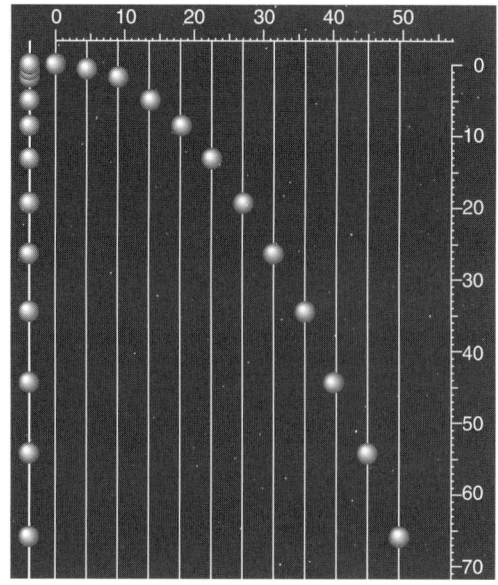

図 3.8

3A.17 (1) 机の上の球を初速 v_0 で机の端から水平方向に落としたときの球の軌道を求めよ．机の端を原点 O，水平方向を x 方向，鉛直下向きを $+y$ 方向に選べ（図3.9）．空気の抵抗は無視せよ．

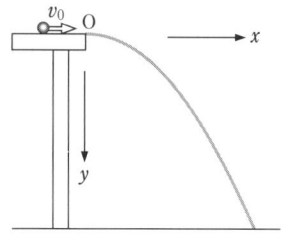

図 3.9

(2) 机の高さを H とするとき，床に着くまでの時間 t_1，着く直前の球の速さ v_1 と到達地点の x 座標 x_1 を求めよ．

(3) 高さ $H = 4.9$ m の崖の上から初速 $v_0 = 5$ m/s で水平に海に飛び込んだ．着水までの時間 t_1 を求めよ．崖の真下から着水地点までの距離 x_1 を求めよ．

3A.18 最高点の高さが同じ図3.10の2つの軌道を運動する物体のどちらの初速度の大きさが大きいか．

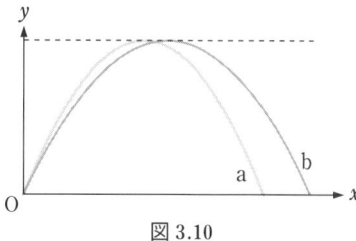

図 3.10

3A.19 到達距離が同じ図3.11の2つの軌道を運動する物体のどちらの初速度の大きさが大きいか．

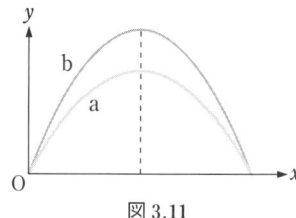

図 3.11

3A.20 (1) 水の密度を ρ とすると，半径 r の雨滴の質量は $m = \frac{4\pi}{3}\rho r^3$ である．重力と粘性抵抗 $bv = 6\pi\eta r v$ を受けて落下する小さな雨滴の終端速度 v_t は
$$v_t = \frac{2r^2\rho g}{9\eta}$$
であり，終端速度は雨滴の半径 r の2乗に比例して増加することを説明せよ．

(2) 霧の中の微小な雨滴は 10^{-3} cm 程度の半径をもつ．雨滴は粘性抵抗を受ける．水の密度は $\rho = 1$ g/cm^3，空気の粘性は $\eta = 2\times 10^{-4}$ g/(cm·s) として，雨滴の終端速度 v_t を求めよ．

(3) 雨滴の速さの式 $v = \frac{mg}{b}(1-e^{-bt/m})$ を使って，静止している雨滴の速さが終端速度の $(1-e^{-1})$ 倍になる時間を求めよ．

(4) $0 < ct \ll 1$ では $e^{-ct} \fallingdotseq 1 - ct$ であることを使って，雨滴の速さは $v \fallingdotseq gt$ であることを示せ．

3A.21 半径 $r = 3.0$ cm の木の球（密度 $\rho_1 = 0.8$ g/cm^3）が慣性抵抗 $\frac{1}{2}\times 0.5 \rho_2 (\pi r^2) v^2$ を受けて空気中を落下している．終端速度 v_t はいくらか．空気の密度 ρ_2 を 1.2 kg/m^3 とせよ．

3A.22 机の上に静止している本に静止摩擦力は働いているか．

3A.23 図3.12のような水平面と角 θ をなす斜面の上に，物体が静止していて，これ以上斜面を傾けると物体は滑り出す．このときの斜面に平行な方向と斜面に垂直な方向の力のつり合いの式を求めよ．また，このとき $\mu = \tan\theta$ という関係があることを示せ．

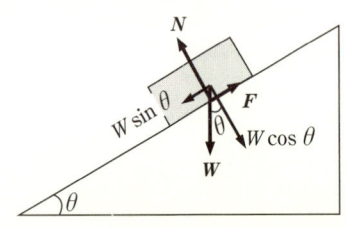

図3.12

3A.24 図3.13に示すように摩擦のある水平面上に一直線状に置かれた物体A, B, Cに対して，Aの一端を水平な力で押すとき，正しいのはどれとどれか．

① AがBを押す力とBがAを押す力とは同じ大きさである．
② BがCを押す力とCがBを押す力とは同じ大きさである．
③ AがBを押す力とBがCを押す力とは同じ大きさである．
④ AがBを押す力はBがAを押す力より大きい．
⑤ AがBを押す力はBがCを押す力より大きい．

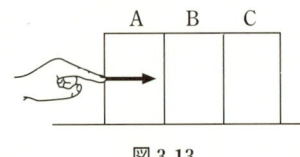

図3.13

3A.25 水平と30度の摩擦のない斜面の上の質量1 kgの箱に水平方向から図3.14のように力を作用して静止させておくのに必要な力 F は約何Nか．ただし，重力加速度は $9.8\,\mathrm{m/s^2}$ とする．

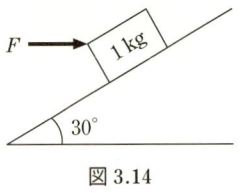

図3.14

3A.26 床の上の質量 m の荷物を水平方向に大きさが F の力で押したが動かなかった．床が荷物に作用する摩擦力はいくらか．この力の大きさは μmg に等しいか．

3A.27 質量 1000 kg の自動車が速さ 20 m/s で壁に正面衝突し，大破して静止した（図3.15）．壁が自動車に 0.10 秒間作用した力の平均 $\bar{F}$ を求めよ．

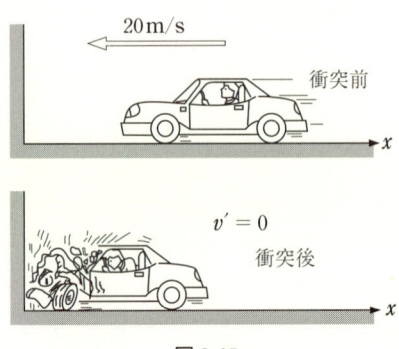

図3.15

3A.28 ピッチャーが投げた時速 144 km (= 40 m/s) のボール（質量0.15 kg）をバッターが水平に打ち返した．打球の速さも 40 m/s であった．ボールとバットの接触時間を 0.10 s とすると，バットがボールに作用した力の大きさの平均はいくらか．

3A.29 平らな床でボールが図3.16のように弾んだ．床がボールに作用した力積の方向を矢印で示せ．

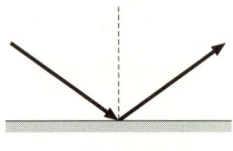

図3.16

3A.30 密度 ρ の水が速度 v で面積 A の板に垂直にあたっている．板を支えるのに必要な力を求めよ．

3A.31 一定の速さ v_0 で高さ h の水平飛行している飛行機の下側の投下口から救援物資の包みを静かに投下した．パラシュートが開くまでは包みは飛行機から見てどの方向にあるか．

演習問題 3B

3B.1 200 N の張力を加えると切れる長さが 30 m のロープが，建物の屋上から外壁に沿って垂れ下がっている．体重 50 kg の人がこのロープを使って下りるときの最小の加速度はいくらか．この人が地面に着く直前の速さはいくら以上か．

3B.2 初速度 20 m/s で真上に投げ上げれば，高さが 15 m になるのは何秒後か．そのときの速度はいくらか．簡単のために，$g = 10\,\mathrm{m/s^2}$ とせよ．解は2つあることに注意せよ．

3B.3 気球が速さ 10 m/s で真上に上昇している．高度が 100 m のときに荷物を落とした．この荷物が地面に到達するまでの時間と到達直前の速さを求めよ．空気の抵抗は無視できるものとする．

3B.4 海に面した高さのわからない崖の上から海の方に向けて，小石を初速 20 m/s，仰角 30° で打ち上げたら，4秒後に小石は海面に落下した（図3.17）．次の問に答えよ．$g = 10\,\mathrm{m/s^2}$ とし，空気抵抗は無視せよ．

(1) 小石が最高点に達したのは何秒後だったか．
(2) そのときの崖の上面からの高さ h はいくらだったか．
(3) 崖の海面からの高さはいくらか．

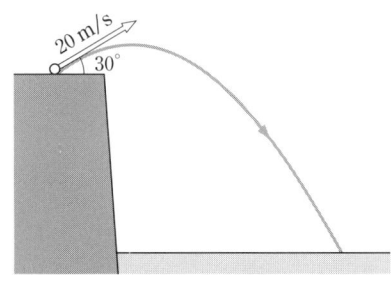

図 3.17

3B.5 10 kg の物体が水平な回転台の上の軸から 0.5 m のところに置いてある．物体と台の間の静止摩擦係数は 0.2 である．台が回転し始めた場合，物体が滑り出す最小の 1 秒あたりの回転数 f を求めよ．

3B.6 地上から高さ h の地点から小球 A, B を鉛直上方と下方へそれぞれ同じ速さ v_0 で投げたところ（図 3.18），B が地上に落下するときの速さ v_B は A が $\frac{h}{2}$ 上昇したときの速さ v_A のちょうど 2 倍であった．以下の問に答えよ．力学的エネルギー保存則を適用できる場合には使って解け．
(1) v_0 を求めよ．
(2) 小球 A の最高点の高さは地上からいくらか．
(3) 小球 A, B を投げてから地上に達するまでの時間をそれぞれ t_A, t_B とすると，$\frac{t_A}{t_B}$ はいくらか．
(4) 小球 A, B が地上に達したときの速さを v_A', v_B とすると，$\frac{v_A'}{v_B}$ はいくらか．

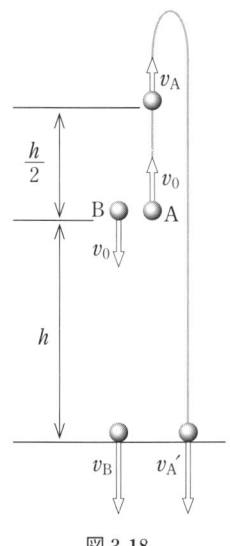

図 3.18

演習問題 3C

3C.1 粘性抵抗 $-b\boldsymbol{v} = -m\beta\boldsymbol{v}$ を受ける放物体（質量 m）の運動方程式は

$$m\frac{dv_x}{dt} = mg - m\beta v_x \quad (+x \text{軸は鉛直下方}) \quad (1)$$

$$m\frac{dv_y}{dt} = -m\beta v_y \quad (y \text{軸は水平方向}) \quad (2)$$

である．$t = 0$ で $x = y = 0$, $v_x = v_{0x}$, $v_y = v_{0y}$ のときの解を求めよ．
$t \to \infty$ で v_x と v_y と y はどうなるか．

3C.2 非斉次の定係数線形微分方程式

$$\frac{d^2x}{dt^2} + a\frac{dx}{dt} + bx = f(t) \quad (a, b \text{は定数})$$

の一般解 $x(t)$ は，この微分方程式の 1 つの特殊解 $x_1(t)$, つまり，

$$\frac{d^2x_1}{dt^2} + a\frac{dx_1}{dt} + bx_1 = f(t)$$

を満たす 1 つの解 $x_1(t)$ と非斉次項を 0 とおいた斉次方程式の一般解 $x_2(t)$, つまり，

$$\frac{d^2x_2}{dt^2} + a\frac{dx_2}{dt} + bx_2 = 0$$

を満たす，任意定数 2 個を含む解 $x_2(t)$ の和，
$$x(t) = x_1(t) + x_2(t)$$
であることを示せ．

3C.3 (1) 非斉次の定係数線形微分方程式

$$\frac{dv}{dt} + \frac{b}{m}v = g$$

の一般解は

$$v(t) = Ce^{-bt/m} + \frac{mg}{b} \quad (C \text{は任意定数}) \quad (3)$$

であることを利用して，$v(0) = v_0$ の場合の速度を表す式

$$v(t) = \frac{mg}{b}(1 - e^{-bt/m}) + v_0 e^{-bt/m}$$

を導け．
(2) 速さに比例する抵抗を受けて落下する雨滴の $t = 0$ での落下速度 v_0 が終端速度 v_t より速い場合の落下速度はどのように変化するか．
(3) 速さに比例する抵抗を受けて落下する雨滴の $t = 0$ での速度 v_0 が鉛直上向きの場合（$v_0 < 0$ の場合）の落下速度はどのように変化するか．

振　動

第4章の要約

フックの法則　変形が小さいとき，復元力 F は変形量 x に比例する．$F = -kx$

単振動　フックの法則にしたがう復元力による振動．

単振動の運動方程式の標準形と一般解　$\dfrac{d^2 x}{dt^2} = -\omega^2 x$,

$$x = A\cos(\omega t + \alpha) \quad A \text{と} \alpha \text{は任意定数} \quad 振動数 f = \frac{\omega}{2\pi} \quad 周期 T = \frac{1}{f} = \frac{2\pi}{\omega}$$

ばね振り子（ばね定数 k）　$m\dfrac{d^2 x}{dt^2} = -kx$,　$f = \dfrac{1}{2\pi}\sqrt{\dfrac{k}{m}}$,　$T = 2\pi\sqrt{\dfrac{m}{k}}$

単振り子（長さ L）の振動数 f と周期 T　$f = \dfrac{1}{2\pi}\sqrt{\dfrac{g}{L}}$,　$T = 2\pi\sqrt{\dfrac{L}{g}}$

ばね振り子の力学的エネルギー保存則　$\dfrac{1}{2}mv^2 + \dfrac{1}{2}kx^2 = $ 一定　　**弾力による位置エネルギー**　$\dfrac{1}{2}kx^2$

減衰振動　時間とともに振幅が減衰する振動．

強制振動　一定の周期で振動する外力の作用による外力と同じ周期での振動．

共振（共鳴）　物体に固有振動数と同じ振動数の外力が作用する場合，大きな振幅の振動が起こる現象．

例題 4.1　図 4.1 のように，質量 m のおもりの両側にばね定数が k_1 と k_2 のばねを付け，なめらかな水平面上に置き，ばねの他端を固定する．静止の状態では，ばねの長さは自然の長さとする．おもりを矢印の方向に距離 x だけずらして手をはなした場合のおもりの振動数 f を求めよ．

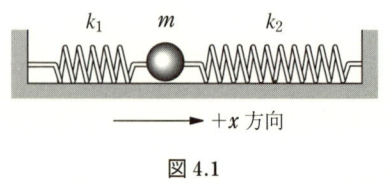

図 4.1

解　おもりに働く2本のばねの復元力は $-k_1 x$, $-k_2 x$ なので，おもりの運動方程式は

$$m\frac{d^2 x}{dt^2} = -k_1 x - k_2 x = -(k_1 + k_2)x$$

となる．この式は1本のばね振り子の運動方程式の k が $k_1 + k_2$ の場合なので，振動数 f は

$$f = \frac{1}{2\pi}\sqrt{\frac{k_1 + k_2}{m}}$$

演習問題 4A

4A.1　一端が固定されて鉛直に吊るされているばね（ばね定数 k）の先に取り付けられている質量 m のおもりの位置 x について運動方程式

$$ma = -kx$$

が成り立つとき，次の問に答えよ．
(1) $x = 0$ のときの加速度はいくらか．
(2) おもりが静止しつづけているときの x の値はいくらか．
(3) この方程式の解はどのような振動を表すか．

4A.2　図 4.2 のばね振り子のおもりは振幅が A の振動をしている．点 A, B, O の3つの点について，次の問に答えよ．原点 O はつり合いの位置である．

(1) おもりの加速度の大きさが最大の点はどこか．
(2) おもりに働く力（合力）が最大の点はどこか．
(3) おもりの力学的エネルギーが最大の点はどこか．

4A.3 図 4.2 のばね振り子のおもりをつり合いの位置から距離 x_0 だけ上に持ち上げ，ばねがおもりをつける前の自然の長さになるようにして，そこで静かに手をはなした．その後の運動で正しいのはどれか．

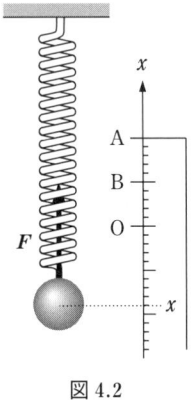

図 4.2

① ばねの長さはただちに x_0 伸びて，そこで静止する．
② ばねは $0.5x_0$ の振幅で持続的に振動する．
③ ばねが自然な長さに戻ったところで速度が最大になる．
④ 振動の振動数はおもりの質量が大きいほど小さい．

4A.4 振幅の小さな振動について正しいのはどれとどれか．
① ばねにおもりを吊り下げて振動させるとき，おもりに作用する力は平衡点（つり合いの位置）からの変位に比例する．
② ばねに吊るしたおもりの単振動の周期はばね定数に比例する．
③ 周期が大きいほど振動数は大きい．
④ 共振は強制振動によって現れる現象である．

4A.5 図 4.3 は単振動しているおもりの x–t グラフである．時刻 t_1 でのおもりの速度と加速度は正か負かを述べよ．

4A.6 ばね定数 $k = 100$ kg/s^2 のばねに吊るした質量 $m = 1.0$ kg のおもりの単振動の周期を求めよ．

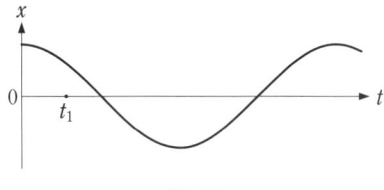

図 4.3

4A.7 ばねに吊るしたおもりの鉛直方向の振動の周期が 3 秒であった．ばね定数は 6 N/m である．おもりの質量はいくらか．

4A.8 軽い糸におもりをつけて周期が 2 秒の単振り子をつくりたい．糸の長さ L をいくらにすればよいか．

4A.9 振り子のおもりが点 A と点 A′ の間で振動している（図 4.4）．4 点 A, B, C, A′ でおもりに作用する合力を，向きと大きさが定性的にわかるように図示せよ．4 点 A, B, C, A′ でのおもりの加速度をまず考えよ．

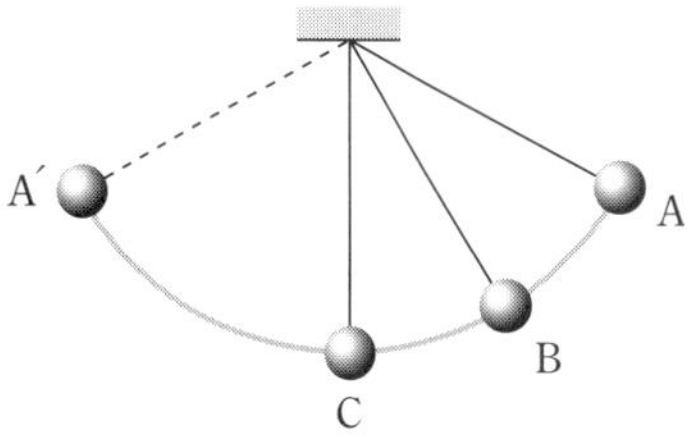

図 4.4

4A.10 子どもがブランコで遊んでいる．同じ身長の 2 人の子どもがいっしょに乗る場合，1 人の場合に比べ振動の周期はどのように変化するだろうか．

4A.11 水平でなめらかな床の上にあるばねにつけた 4 kg の物体を，平衡の位置から 0.2 m だけ手で横に引っ張って手をはなした．ばね定数を $k = 100$ N/m とすると，
(1) 引っ張った状態での弾力による位置エネルギーの値はいくらか．
(2) 物体の最大速度はいくらか．

演習問題 4B

4B.1 長さ L の糸を張力 S で強く張り，糸の両端 A, B を固定する（図 4.5）．糸の中点 O につけた小さなおもり（質量 m）が行う，糸の垂直方向の微小振動の周期を求めよ（$\sin\theta \fallingdotseq \tan\theta$ を使え）．

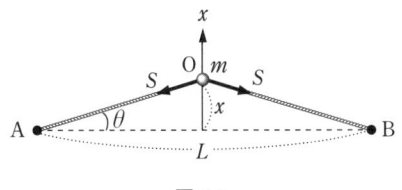

図 4.5

4B.2 人間は短い時間なら最大加速度が $4g$ であるような 4 Hz の振動に耐えられる．このときの身体の最大変位 X はいくらか．

4B.3 単振り子の場合，重力加速度が $\dfrac{1}{100}$ だけ増すと周期はどのくらい変わるか．

4B.4 ばね定数 $k = 100$ N/m のばねを床に垂直に立てておき，その上に 50 g の球をのせ，手で球を下に押して，ばねを平衡状態から 1 cm 縮めた状態で手をはなした．
(1) 球がばねから離れるのは，どのような条件が満た

されるときか．
(2) そのときのばねの長さは平衡状態での長さと比べるとどうなっているか．
(3) そのときの球の速さを求めよ．

4B.5 単振り子の振幅が大きくなると，復元力の大きさは $mg|\sin\theta| < mg|\theta|$ となる．振動の周期は，$2\pi\sqrt{\dfrac{L}{g}}$ と比べてどのようになるか．

4B.6 2つのばねの弾性力による位置エネルギー $U(x) = \dfrac{1}{2}kx^2$ を図4.6に示す．a と b のどちらのばねが強いか．

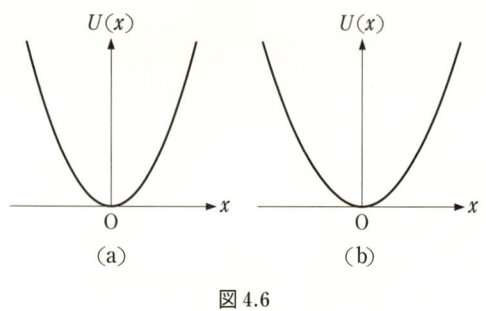

図4.6

4B.7 ばね定数 k のばねの一端を天井に固定して鉛直に吊るし，下端に質量 m のおもりをつけて上下に振動させるとき，おもりは振動数 $\dfrac{1}{2\pi}\sqrt{\dfrac{k}{m}}$ の単振動を行うことを次の方法で示せ．ただし，ばねの質量は無視せよ．
(1) 鉛直下向きを $+x$ 方向に選び，おもりをつけない場合のばねの下端を原点 O とすると，重力 mg とばねの弾力 $-kx$ が作用するおもりの運動方程式は
$$m\dfrac{d^2x}{dt^2} = mg - kx \qquad (1)$$
と表される．つり合いの位置を求めよ．
(2) $X = x - \dfrac{mg}{k}$ とおくと X は何を表すか．
(3) X は運動方程式
$$m\dfrac{d^2X}{dt^2} = -kX \qquad (2)$$
を満たすので，(1)式の一般解は
$$x = \dfrac{mg}{k} + A\cos(\omega t + \alpha) \qquad \left(\omega = \sqrt{\dfrac{k}{m}}\right) \quad (3)$$
となることを示せ．

4B.8 単振動 $x = A\cos\omega t$ をしている，質量 m のおもりの運動エネルギー $K = \dfrac{1}{2}mv^2$ と位置エネルギー $U = \dfrac{1}{2}m\omega^2x^2$ の時間平均（1周期 $T = \dfrac{2\pi}{\omega}$ についての平均）$\langle K \rangle$, $\langle U \rangle$ を求めよ．

演習問題 4C

4C.1 時刻 $t = 0$ での位置が x_0，速度が v_0 の単振動
$$x = x_0\cos\omega t + \dfrac{v_0}{\omega}\sin\omega t$$
の振幅 A は
$$A = \sqrt{x_0^2 + \left(\dfrac{v_0}{\omega}\right)^2}$$
であることを示せ．

4C.2 角振動数 ω で振動する電場の作用する電気力 $F = qE_0\sin\omega t$ によって，x 軸上で運動している質量 m，電荷 q の荷電粒子がある．運動方程式
$$m\dfrac{d^2x}{dt^2} = qE_0\sin\omega t$$
を解いて荷電粒子の運動を求めよ．時刻 $t = 0$ で，$x = x_0$, $v = v_0$ とせよ．

4C.3 図4.7の点 O を重力による位置エネルギーを測る基準点に選ぶと，おもりの力学的エネルギーはどのように表されるか．力学的エネルギー保存則からおもりの運動方程式を導け．

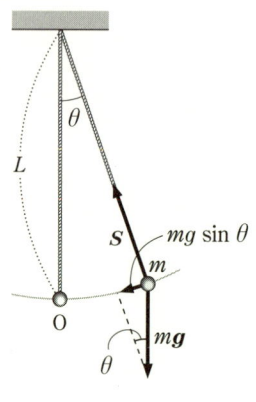

図4.7

4C.4 振れの最大角が $\theta_{\max}$ の場合の単振り子の力学的エネルギー保存則を求め，$\dfrac{1}{4}$ 周期に対する式，
$$\dfrac{T}{4} = \sqrt{\dfrac{L}{g}}\int_0^{\theta_{\max}}\dfrac{d\theta}{\sqrt{2(\cos\theta - \cos\theta_{\max})}} \qquad (1)$$
を導け．

仕事とエネルギー

第 5 章の要約

運動エネルギー　$K = \dfrac{1}{2}mv^2$　　m：質量，v：速さ

仕事　(1)　物体に一定の力 $\boldsymbol{F}$ を加えて距離 s 移動したとき，力 $\boldsymbol{F}$ のした仕事 W

力の向きと移動の向きが同じ場合　$W = Fs$

力の向きと移動の向きが異なる場合（図 5.1）　$W = Fs\cos\theta = F_t s = \boldsymbol{F}\cdot\boldsymbol{s}$　（$F_t = F\cos\theta$）

(2)　点 A から点 B まで任意の軌道に沿って物体が移動するとき（図 5.2），

$$W_{A\to B} = \lim_{N\to\infty}\sum_{i=1}^{N}\boldsymbol{F}_i\cdot\Delta\boldsymbol{s}_i = \int_A^B \boldsymbol{F}\cdot d\boldsymbol{s} = \int_A^B F_t\,ds$$

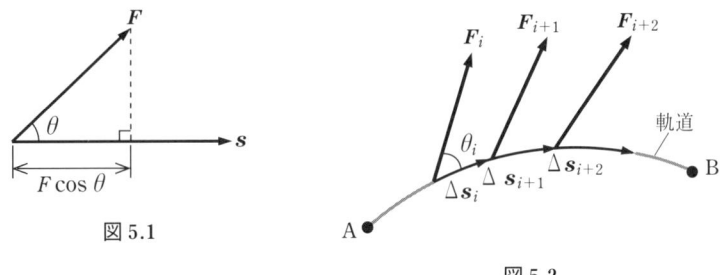

図 5.1　　　　　　　　図 5.2

仕事の単位，エネルギーの単位 J（ジュール）　$J = N\cdot m = kg\cdot m^2/s^2$

仕事率（パワー）　(1)　平均の仕事率 $\overline{P}$　$\overline{P} = \dfrac{W}{t}$　　W：仕事，t：時間

(2)　仕事率 P　$P = \dfrac{dW}{dt} = \dfrac{\boldsymbol{F}\cdot d\boldsymbol{s}}{dt} = \boldsymbol{F}\cdot\boldsymbol{v}$

(3)　仕事率の単位 W（ワット）　$W = J/s = N\cdot m/s$

仕事と運動エネルギーの関係　質点に作用する合力 $\boldsymbol{F}$ のする仕事 $W_{A\to B}$ は，質点の運動エネルギーの増加量に等しい．$W_{A\to B} = K_B - K_A = \dfrac{1}{2}mv_B^2 - \dfrac{1}{2}mv_A^2$　　K_A と K_B は点 A と点 B での運動エネルギー

保存力と位置エネルギー

(1)　保存力：質点が任意の点 A を出発して任意の点 B に行く間に，力の行う仕事が途中の道筋によらず一定な力（図 5.3）．例：重力，万有引力，弾力

(2)　保存力 $\boldsymbol{F}_\text{保}$ の位置エネルギー $U(\boldsymbol{r})$

$$U(\boldsymbol{r}) = \int_{\boldsymbol{r}}^{\boldsymbol{r}_0}\boldsymbol{F}_\text{保}(\boldsymbol{r})\cdot d\boldsymbol{s}$$　（$\boldsymbol{r}_0$：位置エネルギーの基準点）

(3)　保存力 $\boldsymbol{F}_\text{保}$ のする仕事 $W^\text{保}_{A\to B}$ は力 $\boldsymbol{F}_\text{保}$ の位置エネルギー $U(\boldsymbol{r})$ の減少量に等しい．$W^\text{保}_{A\to B} = U(\boldsymbol{r}_A) - U(\boldsymbol{r}_B)$

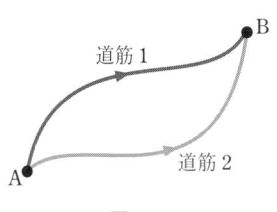

図 5.3

(4) いろいろな保存力の位置エネルギー

重力による位置エネルギー $U^{重力}(x) = mgx\,(mgh)$

ばねの弾力による位置エネルギー $U^{弾力}(x) = \dfrac{1}{2}kx^2$

万有引力による位置エネルギー $U^{万有}(r) = -G\dfrac{m_1 m_2}{r}$

力学的エネルギー保存則 $\dfrac{1}{2}mv_B{}^2 + U(r_B) = \dfrac{1}{2}mv_A{}^2 + U(r_A) = $ 一定　非保存力が作用しない場合に成り立つ．例　$\dfrac{1}{2}mv^2 + mgh = $ 一定．$\dfrac{1}{2}mv^2 + \dfrac{1}{2}kx^2 = $ 一定．

エネルギー保存則 閉じた系のエネルギーの総量は一定である．外部と力を作用し合ったり，熱のやりとりをする系では，「系のエネルギーの増加量」=「外部が系にする仕事」+「外部から系に入った熱量」．

例題 5.1 氷結したなめらかな走路をソリで滑る．人間の乗ったソリの質量 m は 100 kg である．図 5.4 の横軸は水平方向の位置座標 x，縦軸は高さ h を表す．$x = b$ は最低点なので，$h(b) = 0$ とする．重力加速度の大きさを g として次の問に答えよ．

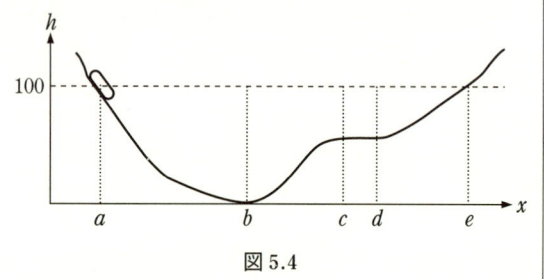

図 5.4

(1) 出発点 $x = a$ で，ソリは初速 10 m/s で下方に向かって滑りはじめた．このときのソリの運動エネルギーはいくらか．

(2) 出発点 $x = a$ の高さは，$x = b$ の最低点に対して 100 m であった．$x = a$ における重力による位置エネルギー $U(a)$ および力学的エネルギー E_0 を求めよ．

(3) ソリはどの地点まで滑るか，選択肢から最も適切なものを選べ．
　① $x = e$ の地点　② $x = e$ の地点よりも少し手前　③ $x = e$ の地点よりも少し先

(4) 区間 $c < x < d$ ではソリはどのような運動をするか．

解 (1) $K = \dfrac{1}{2}(100\,\text{kg}) \times (10\,\text{m/s})^2 = 5.0 \times 10^3$ J

(2) $h(a) = 100$ m なので，$U(a) = mgh(a) = (100\,\text{kg}) \times (9.8\,\text{m/s}^2) \times (100\,\text{m}) = 9.8 \times 10^4$ J
「力学的エネルギー」=「運動エネルギー」+「位置エネルギー」なので，
$E_0 = (9.8 \times 10^4\,\text{J}) + (5.0 \times 10^3\,\text{J}) = 1.03 \times 10^5$ J

(3) 縦軸を U にして，図 5.5 を描く．破線は $U(a) = 9.8 \times 10^4$ J を表す．力学的エネルギー保存則 $E_0 = U(x) + K$ から，ソリは $K = 0$ の地点，すなわち，$U(x) = E_0$ を満たす地点 x まで滑ることができる．$E_0 = 1.03 \times 10^5\,\text{J} > 9.8 \times 10^4\,\text{J} = U(a)$ なので，図 5.5 から $x = e$ の少し先までいくことがわかる．
∴ ③

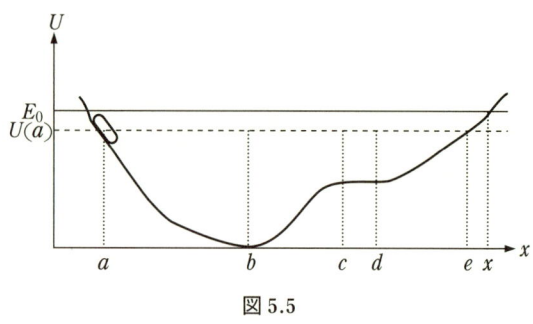

図 5.5

(4) 区間 $c < x < d$ では $U(x) = $ 一定．したがって，$E_0 = U(x) + K$ から，運動エネルギー K も一定になるので，ソリはこの間，等速直線運動をする．

例題 5.2 質量の無視できる，ばね定数 k のばねに質量 m のおもりをとりつけ，ばねの長さが自然長を保つようにして，静かに手で支えた．そこから図 5.6 (1) のように，手をゆっくりと下げていったところ，ばねの伸びがある長さになったところでおもりが手から離れた［図 5.6 (2)］．以下の問に答えよ．

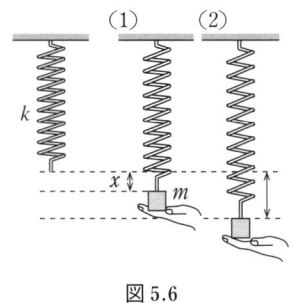

図 5.6

(1) ばねの自然長からの伸びが x のとき，おもりが手から受ける垂直抗力 N を求めよ．

(2) おもりが手から離れるときのばねの伸び x_0 を求めよ．

(3) ばねが手から離れるまでに，おもりが受ける次の力がした仕事を求めよ．
　　(I) 重力　　(II) ばねの弾力　　(III) 手から受ける垂直抗力

(4) 再びばねが自然長になるようにしておもりを支え，いきなり手を離すと，ばねは最大いくらまで伸びるか．もしそれが (2) と異なる場合には，違いが生じた理由を説明せよ．

解 (1) 図 5.6 (1) の状態でおもりが受ける力は，手から受ける垂直抗力 N，ばねから受ける弾力 kx，重力 mg の 3 つである（図 5.7）．3 つの力はつり合っているので，$N + kx = mg$

∴ $N = mg - kx$

(2) おもりが手から離れると垂直抗力が 0 になるので，$0 = mg - kx_0$

∴ $x_0 = \dfrac{mg}{k}$

図 5.7

(3) (I) 重力はおもりの運動の向きに働くので，仕事
$W_1 = \displaystyle\int_0^{x_0} mg\, dx = mgx_0$，
$x_0 = \dfrac{mg}{k}$ を代入して，$W_1 = \dfrac{(mg)^2}{k}$

(II) 弾力はおもりの運動の向きと反対向きに働くので，仕事
$W_2 = -\displaystyle\int_0^{x_0} kx\, dx = -\dfrac{1}{2}kx_0^2 = -\dfrac{(mg)^2}{2k}$

(III) 垂直抗力 $N = mg - kx$ はおもりの運動の向きと反対向きに働くので，仕事 W_3 は，
$W_3 = -\displaystyle\int_0^{x_0}(mg - kx)\, dx = -mgx_0 + \dfrac{1}{2}kx_0^2$
$= -\dfrac{(mg)^2}{2k}$

(4) おもりには重力とばねの弾力しか働かない．ばねの伸びが最大値 x_1 になるまでの 2 力の仕事の和は，
$W_1 + W_2 = mgx_1 - \dfrac{1}{2}kx_1^2$ である．初速 $v_0 = 0$，最下点での速さ $v = 0$ なので，運動エネルギーと仕事の関係は
$\dfrac{1}{2}mv^2 - \dfrac{1}{2}mv_0^2 = W = W_1 + W_2 = mgx_1 - \dfrac{1}{2}kx_1^2$
$= 0$. ∴ $x_1 = \dfrac{2mg}{k}$.

$x_0 = \dfrac{mg}{k}$ なので，両者は異なる．

いきなり手を離した場合は，伸びが x_0 の場合，
$\dfrac{1}{2}mv^2 - 0 = mgx_0 + \left(-\dfrac{1}{2}kx_0^2\right) = \dfrac{(mg)^2}{2k}$
となり，運動エネルギー $\dfrac{(mg)^2}{2k}$ をもつ．手で支えていると，伸びが x_0 になるまでに垂直抗力が負の仕事 $-\dfrac{(mg)^2}{2k}$ をおもりにして，これを打ち消すので，伸びは $\dfrac{2mg}{k}$ より小さくなる．

例題 5.3 図 5.8 のような斜面上の点 A に質量 m の物体を静かに置いたところ，物体は長さ L の区間では動摩擦力を受けながら滑り，点 B から飛び出した．点 A と点 B とは鉛直方向に H 離れており，点 B での斜面が水平方向となす角を θ，動摩

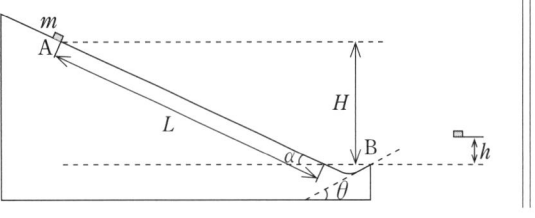

図 5.8

擦力を及ぼす摩擦斜面の傾きを α とする．摩擦斜面における動摩擦係数を μ' とする．物体はこの区間以外から摩擦力を受けることはない．以下の問に答えよ．
（1） 物体が斜面から受ける動摩擦力はいくらか．
（2） 物体の点 B における速さ v はいくらか．
（3） 点 B を飛び出した後の物体の軌道の最高点の点 B からの高さ h を求めよ．

解（1） 物体が斜面から受ける垂直抗力 N は図 5.9 より，$N = mg\cos\alpha$ なので，
動摩擦力 $f' = \mu'N = \mu'mg\cos\alpha$

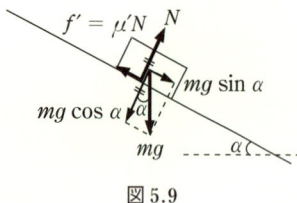

図 5.9

（2） 2点 A, B での運動エネルギーの変化量と仕事の関係は $\frac{1}{2}mv^2 - 0 = W$
この間に重力は仕事 mgH，動摩擦力は仕事 $-\mu'mgL\cos\alpha$ をするので，

$$\frac{1}{2}mv^2 = mgH - \mu'mgL\cos\alpha$$
$$\therefore \quad v^2 = 2g(H - \mu'L\cos\alpha)$$
$$\therefore \quad v = \sqrt{2g(H - \mu'L\cos\alpha)}$$

（3） 物体が点 B を離れた瞬間の速度の水平成分 v_x，垂直成分 v_y は，$v_x = v\cos\theta$, $v_y = v\sin\theta$ である．飛び出し後の最高点では，速度の垂直成分 v_y が 0 となる．一方，水平成分 v_x は飛び出し直後から $v\cos\theta$ のまま一定なので，力学的エネルギー保存則から，

$$\frac{1}{2}mv^2 = mgh + \frac{1}{2}m(v\cos\theta)^2$$
$$\rightarrow \quad h = \frac{v^2}{2g}(1 - \cos^2\theta)$$

（2）の $v^2 = 2g(H - \mu'L\cos\alpha)$ を代入すれば，
$h = (H - \mu'L\cos\alpha)(1 - \cos^2\theta)$

例題 5.4 地上から鉛直上向きに，質量 m の物体が速さ v で飛び出した．地球の質量を M，半径を R として以下の問に答えよ．
（1） 物体は地球の中心から $3R$ の位置 P で速度が 0 になった．地上における物体の速さ v はいくらであったか．
（2） 位置 P に達した物体に，初速度を与えたところ，物体は地球の中心から半径 $3R$ の円運動をした（図 5.10）．このときの物体の運動エネルギーはいくらか．また，力学的エネルギーはいくらか．

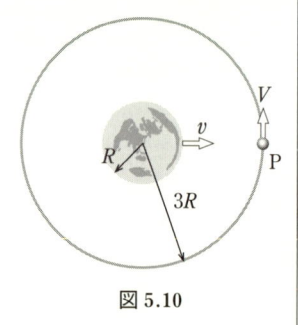

図 5.10

解（1） 地上と位置 P において力学的エネルギーは同じである．また，位置 P で，物体の運動エネルギーは 0 になるので，
$$\frac{1}{2}mv^2 + \left(-G\frac{Mm}{R}\right) = 0 + \left(-G\frac{Mm}{3R}\right)$$
$$\longrightarrow \quad v^2 = \frac{4GM}{3R} \quad \therefore \quad v = 2\sqrt{\frac{GM}{3R}}$$

（2） 円軌道上では万有引力による位置エネルギーは一定なので，物体の運動エネルギーも一定である．したがって，物体は万有引力を向心力とする等速円運動をする．初速を V とすれば，等速円運動の方程式
$$m\frac{V^2}{3R} = G\frac{Mm}{(3R)^2} \quad \text{から} \quad V^2 = \frac{GM}{3R}$$
運動エネルギー $K = \frac{1}{2}mV^2$ は，
$$K = \frac{1}{2}m \cdot \frac{GM}{3R} = \frac{GMm}{6R}$$
力学的エネルギー $E = K + U$ は，
$$E = \frac{GMm}{6R} + \left(-G\frac{Mm}{3R}\right) = -\frac{GMm}{6R}$$

演習問題 5A

5A.1 ひもの一端に木片をつけ，他端を手で持って，木片を水平面内で円運動をさせる．木片が1周する間にひもの張力のする仕事を求めよ．

5A.2 質量2 kgの物体を持って，2階から3階まで階段を上り，長さ30 mの廊下を歩いて反対側の階段まで行き，階段を1階まで下りた．手が物体にした仕事は何 J か．1階から2階までの高さは3 m，1階から3階までの高さは6 mである．

5A.3 1 kWの仕事率で10 kgの荷物を鉛直に持ち上げるためには，毎秒約何mの速さで持ち上げなければならないか．

5A.4 質量2 kgの物体を手に持って一定の速度3 m/sで持ち上げている．1 m持ち上げる間に，(1) 手のする仕事は何 J か．(2) 重力のする仕事は何 J か．(3) 合力のする仕事は何 J か．(4) 手の仕事率は何 W か．

5A.5 3台のエレベーター A, B, C がある．B は A の2倍の質量を2倍の高さまで同じ時間で持ち上げ，C は A と同じ大きさの質量を2倍の高さまで2倍の時間で持ち上げる．仕事率を比較せよ．

5A.6 仕事率の実用単位に馬力がある．もともとは蒸気機関の改良を行ったワットが，自分の製造した蒸気機関の性能を示すのに，標準的な荷役馬1頭の仕事率を基準にしたものである．日本では，1馬力は75 kgの物体を1秒間に1 m持ち上げる場合の仕事率とされている．1馬力は何 W か．標準重力加速度 $g = 9.80665$ m/s^2 を使え．なお，現在の馬のパワーは1馬力以上である．

5A.7 速さ v で走っていた質量 m の自動車のブレーキをかけたら停止した．このとき摩擦力がした仕事はいくらか．

5A.8 力が物体に仕事をすると，この仕事が位置エネルギーや運動エネルギーに変わる．逆に，位置エネルギーと運動エネルギーも仕事に変わる．この事実を反映して，仕事の単位のジュールはエネルギーの単位でもある．重力による位置エネルギー mgh，弾力による位置エネルギー $\frac{1}{2}kx^2$，運動エネルギー $\frac{1}{2}mv^2$ などのエネルギーの国際単位はジュール J = kg·m^2/s^2 であることを示せ．

5A.9 図5.11のおもりを点Aの位置から静かにはなした場合，点Aより1m低い最低点Oを通過するときのおよその速さはどれか．
① 2.2 m/s ② 4.4 m/s ③ 5.0 m/s
④ 9.9 m/s ⑤ 19.6 m/s

5A.10 東京ドームの天井の最高点の高さ H は約60 m

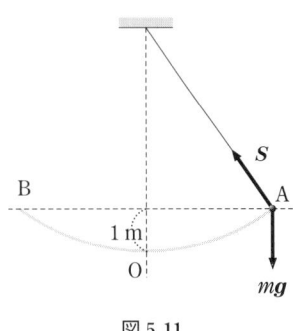

図 5.11

である．この真下でボールを真上に打ったとき，ボールが天井に当たるためには初速 v_0 は何 m/s 以上でなければならないか．

5A.11 自転車に乗って，速さ4 m/sで高さ1 mの斜面の手前までやってきて，ペダルをこぐのをやめた．斜面の上まで到達できるか．

5A.12 なめらかな斜面の下から質量 m のドライアイスの小片を初速 v_0 で滑り上げさせたら，高さ h の点まで上昇した．初速 $2v_0$ で滑り上げさせたらどのような高さの点まで到達するだろうか．

5A.13 ピサの斜塔のてっぺんから2 kgと4 kgの鉄球を落とした．地面に落下直前の2つの鉄球の運動エネルギーを比較せよ．

5A.14 建物の屋上から2個の同じボールを同じ速さで別の方向に投げた．ボールが地面に到達したときの速さは違うか．空気の抵抗は無視せよ．

5A.15 (1) ひもの長さが L，おもりの質量が m の振り子のひもを水平にして，初速度0ではなした．ひもが鉛直になったときのひもの張力 S を求めよ（図5.12）．
(2) その後で，おもりが最高点に到達したときのひもの張力を求めよ．

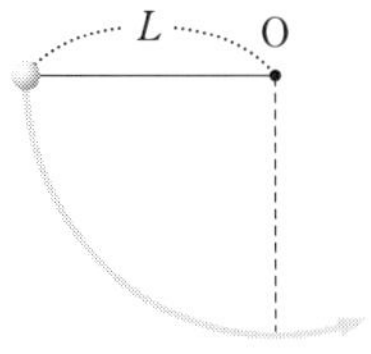

図 5.12

5A.16 図5.13に示すような，回転軸Oのまわりで自由に回転できる長さ L の軽い棒の端に質量 m の物体がつけてある．棒が水平な状態のとき，物体を初速が v_0 になるように下方に押した．物体が270°回転して，物体が真上に到達できるための v_0 の条件を

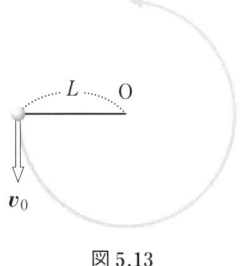

図 5.13

5A.17 高さ h の机の上から速さ v_0 で水平投射されたボールが床に到達する直前の速さ v を求めよ.

5A.18 あるジェットコースターの広告に，最大落差が 70 m, 最大速度 130 km/h と書いてある．この広告は信頼できるだろうか．

5A.19 質量 m の球を初速 v_0 で水平との角が θ の方向に投げ上げた．球が運動中に高さ h の点を通過したときの運動エネルギーを求めよ．空気抵抗は無視せよ．

5A.20 ナイアガラの滝は高さが約 50 m で，平均水流は 4×10^5 m³/分である．水の約 20% が水力発電に用いられるとして，発電所の出力電力を求めよ．

5A.21 2階の窓から同じ速さで斜め上と斜め下にボールを投げた．ボールが校庭に到達する直前の速さが大きいのはどちらの場合か．空気抵抗が無視できる場合と無視できない場合について答えよ．

5A.22 真上に石を投げ上げた．空気の抵抗が無視できる場合には，最高点までの到達時間と最高点からの落下時間は同一である．空気抵抗が無視できない場合にはどうか．空気抵抗によって力学的エネルギーは減少する事実を使え．

5A.23 図 5.14 は直線上を運動する物体の位置 x に対する位置エネルギー U を表したものである．物体が受ける保存力 F は，位置エネルギー U から $F = -\dfrac{dU}{dx}$ を使って導くことができる．この保存力 F について，最も適切な区間を選択肢より選べ．
(1) F の大きさが最も大きな区間
(2) F が負の向きの区間
(3) F が 0 の区間
(選択肢) ① $a\sim b$ ② $b\sim c$ ③ $c\sim d$ ④ $d\sim e$

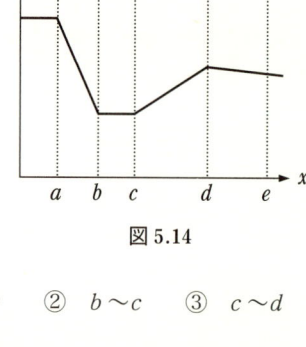

図 5.14

5A.24 図 5.15 は点 A から B に，あるいは点 B から A に至る経路に沿って，物体が力 F を受けながら移動したときに，F による仕事を示したものである．F は保存力であるか否か，理由をつけて答えよ．

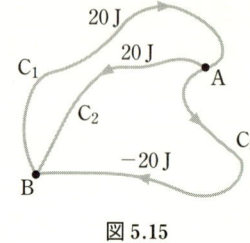

図 5.15

演習問題 5B

5B.1 質量 m の物体を，傾きが θ のなめらかな斜面に沿って力を加え，ゆっくりと x だけ押し上げた（図 5.16）．この間に物体が受けた (1)～(3) の力のした仕事はいくらか．(1) 人が加えた力 F，(2) 垂直抗力 N，(3) 重力 mg．

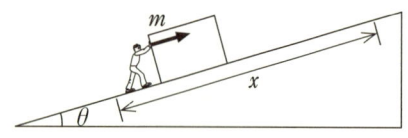

図 5.16

5B.2 (1) 粗い水平面の上を速さ v_0 で動いている物体（質量 m）が静止するまでに動く距離 d は $d = \dfrac{v_0{}^2}{2\mu' g}$ であることを示せ．μ' は動摩擦係数である．
(2) 粗い水平な面上を速さ $v_0 = 10$ m/s で運動していた物体が停止するまでの移動距離 d を求めよ．$\mu' = 1.0$ とせよ．

5B.3 初速度 20 m/s で真上に投げ上げれば，最高点の高さ H は約何 m か．何秒後に地面に落下するか．簡単のために，$g = 10$ m/s² とせよ．

5B.4 次の問に答えよ．
(1) 初速度が 2 倍になれば，最高点への到達時間は何倍になるか．
(2) 初速度が 2 倍になれば，最高点の高さは何倍になるか．
(3) 最高点の高さを 2 倍にするには，初速度を何倍にしなければならないか．

5B.5 小さな魚が池の水面から 50 cm 上まで跳ね上がった．水面から跳びだしたときの速さを求めよ．

5B.6 鉛直面内にループ型の摩擦のない走路がある（図 5.17）．ループの最高点は出発点の高さと同じである．出

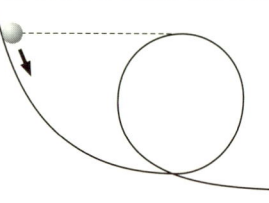

図 5.17

発点から初速 0 で転がりだしたボールはループの最高点まで到達できるか．

5B.7 地球上の大気圏外で太陽の方向に垂直な面積 1

m²の平面が1秒間に受ける太陽の放射エネルギーは1.37 kJである．これを太陽定数という．変換効率15%の太陽電池を使って1 kWの電力をつくるには，少なくとも何m²の太陽電池が必要か．

演習問題 5C

5C.1 なめらかな球面(半径r)の頂上から静かに滑り出した質点はどこで球面を離れるか(図5.18参照)．

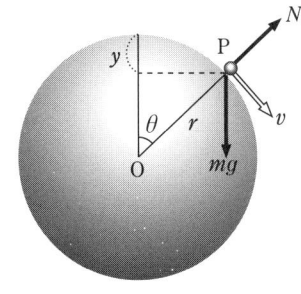

図5.18

5C.2 スタート直後の自動車のエンジンのパワー(仕事率)が一定の場合，エンジンのパワーPのすべてが自動車の運動エネルギーの増加になったとして，スタートしてからの時間tと速さvの関係を求めよ．

5C.3 長さdのベルトコンベアがある．1秒間あたり質量mの土砂を積み込んでいる．ベルトコンベアを速さvで動かして高さhのところまで土砂を運び上げるときに必要な力と仕事率はいくらか．まず$h=0$のときを考えよ．

5C.4 地球のまわりの半径rの円軌道を回る人工衛星の運動エネルギーK，重力による位置エネルギーU，全エネルギーEの間には，$E=K+U=\dfrac{U}{2}$の関係があることを示せ．

5C.5 月面にある物体が月の引力圏から脱出するために必要な速さv_Mを求めよ．月面での重力加速度$g_M \fallingdotseq \dfrac{g}{6}$，月の半径$R_M = \dfrac{R_E}{3.7}$ (R_Eは地球の半径)，地球からの脱出速度$v_E = \sqrt{2gR_E} = 11.2$ km/sを使え．

5C.6 てこや滑車や斜面を使って質量mの物体を高さhだけゆっくり持ち上げるとき，摩擦による熱の発生が無視できれば，手の力Fのする仕事Wは変わらないが，手が加える力の大きさFは(距離dに反比例して)小さくなることを示せ．

5C.7 摩擦が無視できる，なめらかな水平面上に静止している質量2.0 kgの物体がある．これに水平方向に力を加えたところ，物体の速度vは図5.19のように変化した．次の問に答えよ．

(1) 0秒〜2.0秒のあいだに物体がされた仕事はいくらか．

(2) 2.0秒〜4.0秒のあいだに物体がされた仕事はいくらか．

(3) 4.0秒から5.0秒のあいだに物体が他の物体にした仕事はいくらか．

5C.8 質量M，半径Rの天体上に質量m ($m \ll M$)の物体Aがある．Aが鉛直上向きに初速度v_0で飛び出した．

(1) 物体Aが初速度v_0で飛び出した瞬間のAの力学的エネルギーEを求めよ．

(2) 天体表面上で物体が受ける重力をmgとして，(1)をgを用いて表せ．

(3) 高度hにおけるAの運動エネルギーをm, h, g, Rを用いて表せ．

(4) この天体から初速度v_0で打ち上げられた人工衛星が無限遠方まで飛び去るためには，v_0はいくら以上でなければならないか．

5C.9 一直線上に図5.20に示す位置エネルギーをもつ保存力Fを受けて運動する質量1.0 kgの物体Aがある．Aは$t=0$に原点をx軸の正の向きに3.0 m/sの速さで通過した．次の問に答えよ．

(1) Aが$x=10$ mの位置に達するまでに，保存力Fのした仕事はいくらか．

(2) Aが$x=25$ mの位置に達したときの速度vはいくらか．

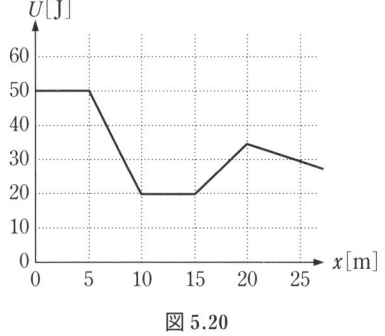

図5.20

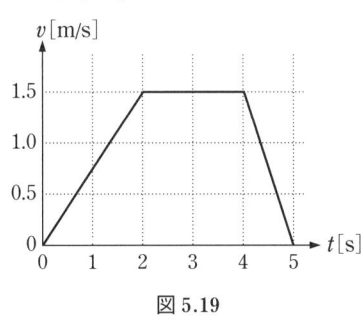

図5.19

質点の角運動量と回転運動の法則

第6章の要約

力の作用点と作用線 力が物体に作用する点を作用点といい，力の作用点を通り力の方向を向いている直線を力の作用線という．

力のモーメント（トルク）N 「力の大きさF」×「力の作用線までの距離L」．$N = FL$．力の向きによって正負の符号が付く．$N = xF_y - yF_x$．一般の場合には，$N = r \times F$．

角運動量L 「運動量の大きさp」×「速度ベクトルまでの距離d」．$L = pd = mvd$．$L = m(xv_y - yv_x)$．一般の場合には，$L = r \times p = r \times mv$．半径$r$，角速度$\omega$の等速円運動の角運動量は $L = mr^2\omega$．

回転運動の法則 角運動量の時間変化率は，力のモーメントに等しい．$\dfrac{dL}{dt} = N$．一般の場合，$\dfrac{dL}{dt} = N$．

中心力 力の作用線がつねに一定の点Oと物体を結ぶ直線上にあり，その強さが点Oと物体の距離rだけで決まる場合，この力を中心力といい，点Oを力の中心という．

角運動量保存則 中心力の作用だけを受けて運動する場合，力の中心のまわりの角運動量は一定である．

ケプラーの法則
- **第1法則**：惑星の軌道は太陽を1つの焦点とする楕円である．
- **第2法則**：太陽と惑星を結ぶ線分が一定時間に通過する面積は等しい（面積速度一定）．
- **第3法則**：惑星の公転周期Tの2乗と軌道の長軸半径aの3乗は比例する $\left(\dfrac{a^3}{T^2} = \text{一定}\right)$．

偶力 作用線が平行で異なり（間隔h），大きさが等しく，逆向きの1対の力F，$-F$．$N = Fh$．

例題 6.1 重い原子核と陽子（質量m）の衝突を考える．原子番号$Z \gg 1$なので，原子核は静止していると近似する．遠方での陽子の速さをv_0とし，軌道の漸近線と原子核の距離をbとする（図6.1参照）．陽子が原子核にいちばん近づいたときの距離sとそのときの速さv_sをエネルギー保存則と角運動量保存則から求めよ．電気力の位置エネルギーは $U = \dfrac{Ze^2}{4\pi\varepsilon_0 r}$ である．

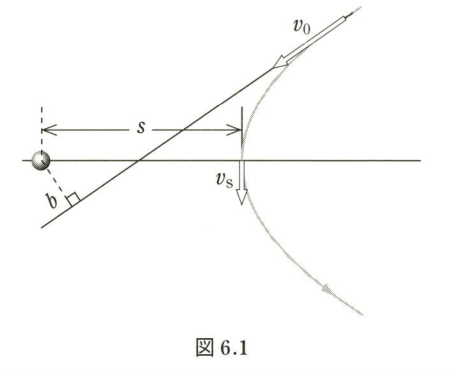

図6.1

解 エネルギー保存則は $\dfrac{1}{2}mv_0^2 = \dfrac{1}{2}mv_s^2 + \dfrac{Ze^2}{4\pi\varepsilon_0 s}$，角運動量保存則は $mv_0 b = mv_s s$ である．2つの式から $\dfrac{1}{2}mv_0^2 = \dfrac{1}{2}mv_0^2\left(\dfrac{b}{s}\right)^2 + \dfrac{Ze^2}{4\pi\varepsilon_0 s}$ が得られる．このsについての2次式を解けばsが求められ，$v_s = \dfrac{b}{s}v_0$ を使うとv_sが求められる．

演習問題 6A

6A.1 ねじをしめるとき，ねじ回しを使う理由を述べよ．

6A.2 図 6.2 の物体に働く力 F_1, F_2 の点 O のまわりのモーメント N を求めよ．$F_1 = 3$ N, $L_1 = 1$ m, $F_2 = 4$ N, $L_2 = 0.5$ m である．

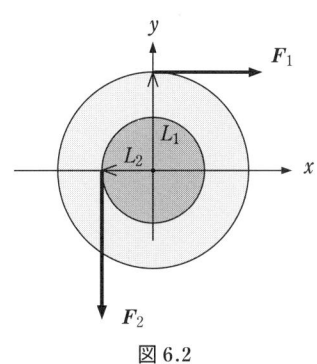

図 6.2

6A.3 図 6.3 の力 F の点 O のまわりのモーメントを求めよ．

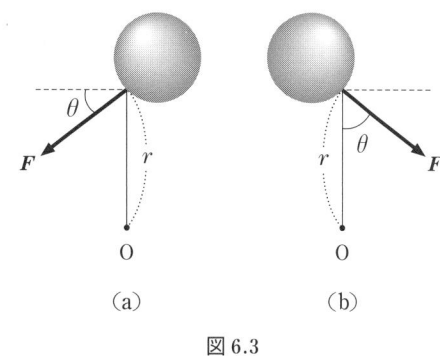

(a)　　　　(b)

図 6.3

6A.4 半径 $R_E = 6370$ km の地表にすれすれの円軌道を回転する人工衛星の速さ v と周期 T を求めよ．

6A.5 地球を回る 2 つの人工衛星 A, B の半径の比は $\dfrac{r_A}{r_B} = 2$ である．A, B の加速度の比 $\dfrac{a_A}{a_B}$ を求めよ．

演習問題 6B

6B.1 図 6.4 を使って，
$$（角運動量\ L = mvd）= 2（質量\ m）\times \left(面積速度\ \dfrac{d(v\Delta t)}{2}\dfrac{1}{\Delta t}\right)$$
を確かめよ．

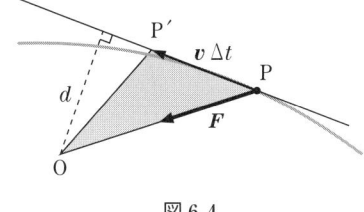

図 6.4

6B.2 地球の自転の角速度と同じ角速度 ω で赤道上空を等速円運動するので，地表からは赤道上空の 1 点に静止しているように見える人工衛星を静止衛星という．静止衛星の地表からの高さ h を求めよ．地球の半径 R_E を 6400 km とせよ．

6B.3 カーナビなどに利用されている GPS（全地球測位システム）衛星は 1 日にちょうど地球を 2 周するように，11 時間 58 分 02 秒で地球を 1 周している．静止衛星の高さとケプラーの第 3 法則を使って，GPS 衛星の地表からの高さ h が 2 万 km であることを示せ．

6B.4 太陽のまわりの地球の公転運動での向心加速度 a_E はいくらか．地球と太陽の距離 r_E は 1 億 5000 万 km である．太陽の質量 m_S はいくらか．

6B.5 万有引力の強さが $F = G\dfrac{mm_S}{r^n}$ のように，距離 r の n 乗に反比例すると仮定すれば，ケプラーの第 3 法則 $\left(\dfrac{r^3}{T^2} = 一定\right)$ から $n = 2$ であることを導け．

演習問題 6C

6C.1 図 6.5 に示す渦巻き状の通路を物体が運動している．通路の壁と床はなめらかで物体に摩擦力を作用せず，物体に作用する力は進行方向に垂直だとする．通路の半径が 2 倍になると，速さは何倍になるか．

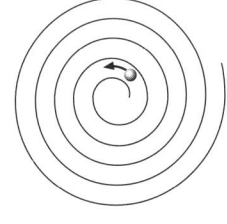

図 6.5

6C.2 地球（質量 M_E）のまわりの半径 r の円軌道を回っている質量 m の人工衛星の角運動量の大きさ L を r, G, M_E, m を使って表せ．

質点系の重心，運動量と角運動量 7

第7章の要約

2質点 $[r_1 = (x_1, y_1, z_1), r_2 = (x_2, y_2, z_2)]$ の重心 $R = (X, Y, Z)$: $R = \dfrac{m_1 r_1 + m_2 r_2}{m_1 + m_2}$

$$X = \frac{m_1 x_1 + m_2 x_2}{m_1 + m_2} \qquad Y = \frac{m_1 y_1 + m_2 y_2}{m_1 + m_2} \qquad Z = \frac{m_1 z_1 + m_2 z_2}{m_1 + m_2}$$

質点系の重心 $R = \dfrac{m_1 r_1 + m_2 r_2 + m_3 r_3 + \cdots}{m_1 + m_2 + m_3 + \cdots}$

質点系の重心速度 $V = \dfrac{m_1 v_1 + m_2 v_2 + m_3 v_3 + \cdots}{m_1 + m_2 + m_3 + \cdots}$

質点系の重心の性質 (1) 質点系の各部分に作用する重力の合力が重心に作用すると見なせる．

(2) 質量の和が M の質点系の重心は，質点系に作用するすべての外力の和 F が作用している，質量 M の質点と同じ運動を行う．$M\dfrac{\mathrm{d}^2 R}{\mathrm{d}t^2} = F$ $\quad (MA = F) \quad (M = m_1 + m_2 + m_3 + \cdots)$

質点系の全運動量 $P = MV = m_1 v_1 + m_2 v_2 + m_3 v_3 + \cdots$. $\qquad \dfrac{\mathrm{d}P}{\mathrm{d}t} = F$

運動量保存則 外力が作用しない質点系の全運動量（運動量の和）は一定．重心は等速直線運動を行う．2 質点系では $\quad m_A v_A' + m_B v_B' = m_A v_A + m_B v_B$

例題 7.1 (1) 静止している球 B（質量 m）に同じ質量で同じ大きさの球 A が速度 v_A で弾性衝突した（図 7.1）．衝突後の 2 球の速度 v_A', v_B' はどのような関係があるか．

(2) 10 円玉を図 7.2 のように並べて，右の 10 円玉を矢印の方向に弾いてぶつけるとどうなるか．実験してみて，その結果を物理的に解釈せよ．

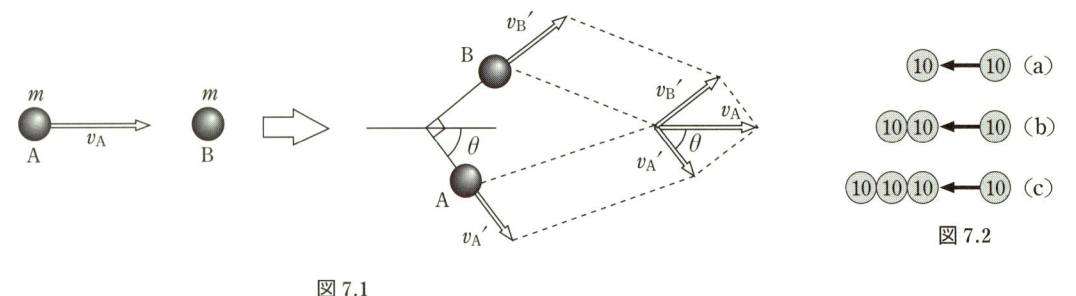

図 7.1　図 7.2

解 (1) 運動量保存則 $m v_A = m v_A' + m v_B'$ から導かれる関係 $v_A = v_A' + v_B'$ は v_A, v_A', v_B' が三角形の 3 辺であることを示す．エネルギー保存則から $\dfrac{1}{2} m v_A^2 = \dfrac{1}{2} m v_A'^2 + \dfrac{1}{2} m v_B'^2$. $\therefore\ v_A^2 = v_A'^2 + v_B'^2$. この式は図 7.1 の右の三角形は v_A を斜辺とし，v_A' と v_B' が直交する 2 辺の直角三角形であることを示す．散乱角を θ

とすると，$v_A' = v_A \cos\theta$, $v_B' = v_A \sin\theta$ である．2つの球が正面衝突し，球 B が v_A の方向に動き出す場合（$\theta = 90°$）には $v_A' = 0, v_B' = v_A'$ となり，球 A は静止し，球 B は球 A の衝突前の速度で動き出す．

(2) (a) は (1) の正面衝突の場合である．右の 10 円玉は静止し，左の 10 円玉は左に動き出す．

(b), (c) では右の 10 円玉は静止し，いちばん左の 10 円玉だけが左に動き出す．(a) の場合の衝突が繰り返し起こった．

演習問題 7A

7A.1 点 P $= (2\,\mathrm{m}, 4\,\mathrm{m})$ にある質量 $m_1 = 6\,\mathrm{kg}$ の物体と点 Q $= (5\,\mathrm{m}, 1\,\mathrm{m})$ にある質量 $m_2 = 3\,\mathrm{kg}$ の物体の重心 G $= (X, Y)$ を求めよ．

7A.2 図 7.3 の直角三角形の頂点上にある 3 つの質量 M の質点の重心 G $= (X, Y)$ を求めよ．

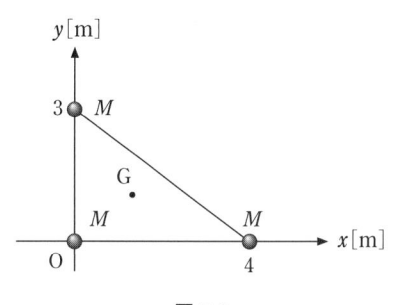

図 7.3

7A.3 図 7.4 に示す薄い一様な板の重心 G の位置を求めよ．

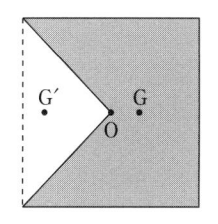

7A.4 大砲の弾丸が発射され，上空で破裂し，いくつかの破片に分裂した．破片の重心はどのような運動をするか．

7A.5 摩擦のないなめらかな水平な面の上で，たがいに逆向きに運動してきた 2 つの物体が衝突して付着した．このとき 2 つの物体が衝突前にもっていた運動エネルギーが完全に熱になることはあり得るか．

図 7.4

7A.6 摩擦のないなめらかな水平な面の上で，運動してきた物体が静止していた物体に衝突して付着した．このとき物体が衝突前にもっていた運動エネルギーが完全に熱になることはあり得るか．

7A.7 なめらかな床の上に静止していた質量 1 kg の物体に，質量 5 kg の物体が速さ 1 m/s で衝突した．衝突後，質量 5 kg の物体が完全に静止し，質量 1 kg の物体が速さ 5 m/s で動き始めることはあり得るか．

7A.8 荷物を積んでいない軽トラックと荷物を満載した大型トラックが正面衝突した．
(1) 軽トラックと大型トラックの作用した力の大きさを比べよ．
(2) 運動量変化の大きさを比べよ．
(3) 加速度の大きさを比べよ．

演習問題 7B

7B.1 図 7.5 のボートの最後端にいる質量 30 kg の少年が，前後対称で質量 100 kg のボートの最先端まで歩いて行った．ボートに対する湖水の抵抗は無視できるものとして，次の問に答えよ．
(1) 少年とボートの重心はどこにあるか．

図 7.5

(2) ボートの最後端とボート乗り場の間隔は何 m になったか．

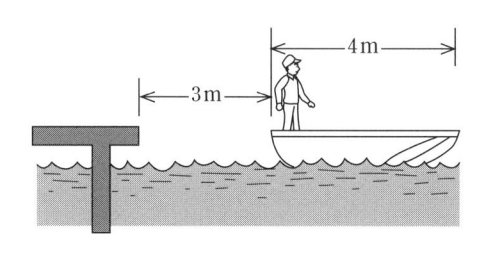

7B.2 一直線上の弾性衝突 (1) 静止している質量 m_B の球 B に質量 m_A の球 A が速度 v_A で正面から弾性衝突する場合（図 7.6），衝突直後の球 A, B の速度 v_A', v_B' は

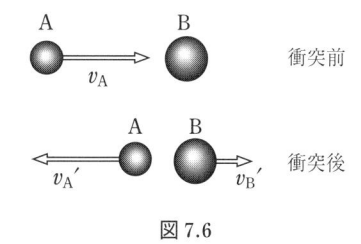

図 7.6

であることを運動量保存則とエネルギー保存則から導け.
$$v_A' = \frac{m_A - m_B}{m_A + m_B} v_A, \quad v_B' = \frac{2m_A}{m_A + m_B} v_A$$

(2) $m_A > m_B$ なら球 A は減速して直進しつづけ，$m_A < m_B$ なら球 A は跳ね返される．$|v_A'| = |v_B'|$ なのはどのような場合か．

(3) 静止している軽い球に質量がはるかに大きい球が衝突する場合（$m_A \gg m_B$ の場合），衝突後の軽い球の速さはどのくらいで，その運動エネルギーは重い球がもっていた運動エネルギーのどのくらいか．

演習問題 7C

7C.1 中心を通る鉛直軸のまわりに自由に回転できる円板（半径 r，質量は無視できる）の1つの直径の両端に，質量 M, m の人間 A, B が静止している．B だけが円周にそって動き，A のところにくるとすれば，静止していた円板はその間にどれだけ回っているか．

7C.2 宇宙空間でロケットは燃料を燃焼させて，発生するガスをロケットに対して速さ V_0 で噴射する（図7.8）．ロケットの質量 m は，燃料の分だけ単位時間あたり $\frac{dm}{dt} = -b$（= 定数）の割合で軽くなる（$m = m_0 - bt$）．重力を無視して，ロケットの運動を調べよう．

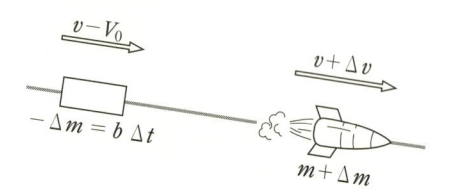

図 7.8

ロケットの質量は時刻 t では m，時刻 $t + \Delta t$ では $m + \Delta m$ である．$-\Delta m$ は時間 Δt の間に噴射された燃料の質量で，$\Delta m = -b\Delta t$ である．ロケットの速さは，時刻 t では v，時刻 $t + \Delta t$ では $v + \Delta v$ とする．噴射された燃料の速さは $v - V_0$ である．外力は無視できるので，運動量の保存則
$$(m + \Delta m)(v + \Delta v) + (-\Delta m)(v - V_0) = mv$$
から運動方程式
$$m \frac{dv}{dt} = -V_0 \frac{dm}{dt} = bV_0$$

7B.3 大砲（質量 $M = 1600$ kg）が砲弾（質量 $m = 10$ kg）を水平に速さ $v = 800$ m/s で打ち出した．砲弾が砲身を通過するのに 0.005 秒かかった．大砲の反跳はばねを使った機構で吸収される（図7.7）．
(1) 大砲の最初の反跳速度 V を求めよ．
(2) 砲弾に加わった力の大きさ F を求めよ．

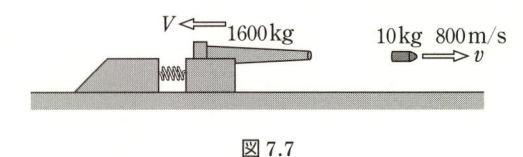

図 7.7

が導かれる．ロケットの質量は $m = m_0 - bt$ なので，この式は
$$dv = \frac{bV_0 \, dt}{m_0 - bt}$$
と変形できる．

(1) この式からロケットの速さ v を求めよ．

(2) $t = 0$ での燃料の質量が $\frac{m_0}{2}$ だとして，燃料を使い切ったときのロケットの速さを求めよ．

7C.3 同じ質量 M の2つの物体 A, B を同じ高さから同時に落下させる．物体 A は自由落下させる．物体 B は質量 m，長さ L の鎖の一端に付けてあり，鎖の他端は図7.9のように固定してある．
(1) 物体 B が高さ L だけ落下し，鎖が伸びきったときの物体 A の落下距離を L と比べよ．
(2) 物体 B が高さ L だけ落下する直前の物体 B の速さ v を求めよ．空気の抵抗は無視せよ．

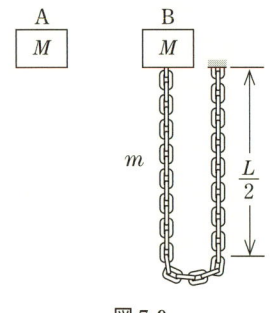

図 7.9

剛体の力学 8

第8章の要約

剛体の重心運動の法則 $M\dfrac{d^2 R}{dt^2} = F$ $(MA = F)$

剛体のつり合いの条件 (1) 剛体に作用する外力のベクトル和が 0, $F_1 + F_2 + \cdots = 0$.
(2) 1つの軸のまわりの外力のモーメントの和が 0, $N_1 + N_2 + \cdots = 0$.

剛体の回転運動の法則 慣性系の任意の点に関して $\dfrac{dL}{dt} = N$. 重心に関して $\dfrac{dL'}{dt} = N'$ (L' は重心のまわりの角運動量,N' は重心のまわりの外力のモーメント)

慣性モーメント $I = m_1 r_1^2 + m_2 r_2^2 + \cdots$ (r_i は質量 m_i の微小体積要素と回転軸の距離).直線運動の場合の質量に対応する量.平行軸の定理 $I = I_G + Mh^2$ が成り立つ(h は回転軸と重心 G を通る平行な軸の距離).剛体の回転運動のエネルギー $K = \dfrac{1}{2} I \omega^2$.剛体の角運動量 $L = I \omega$.

固定した回転軸のまわりの剛体の回転運動 剛体の位置は角位置 θ で指定され,運動状態は角速度 $\omega = \dfrac{d\theta}{dt}$ と角加速度 $\alpha = \dfrac{d\omega}{dt} = \dfrac{d^2\theta}{dt^2}$ で指定される.

固定軸のまわりの回転運動の法則は $\dfrac{dL}{dt} = I\alpha = I\dfrac{d\omega}{dt} = I\dfrac{d^2\theta}{dt^2} = N$

剛体振り子の周期 $T = 2\pi\sqrt{\dfrac{I}{Mgd}}$ (d は回転軸と重心の距離)

剛体の平面運動の法則 $MA_x = F_x$, $MA_y = F_y$, $I_G \alpha = N$ (I_G は重心を通る軸に関する慣性モーメント)

剛体の力学的エネルギー保存則 $\dfrac{1}{2}MV^2 + \dfrac{1}{2}I_G \omega^2 + Mgh = $ 一定

外力が剛体の重心にする仕事 W_{cm} と重心運動エネルギーの関係 $W_{cm, i \to f} = \dfrac{1}{2}MV_f^2 - \dfrac{1}{2}MV_i^2$

接触点で滑らない場合の重心速度 V と回転の角速度 ω の関係 $V = R\omega$, $\dfrac{dX}{dt} = R\dfrac{d\theta}{dt}$

例題 8.1 次の剛体の慣性モーメント I を求めよ.括弧内に回転軸を指定する.
(1) 質量 M,半径 R の円環(円の中心を通り,円に垂直な軸)[図 8.1(a)].
(2) 質量 M,長さ L の細い棒(棒の中心を通り,棒に垂直な軸)[図 8.1(b)].
(3) 質量 M,長さ L の細い棒(棒の端を通り,棒に垂直な軸)[図 8.1(b)].
(4) 質量 M,半径 R,長さ L の円柱(円柱の中心軸)[図 8.1(c)]

図 8.1

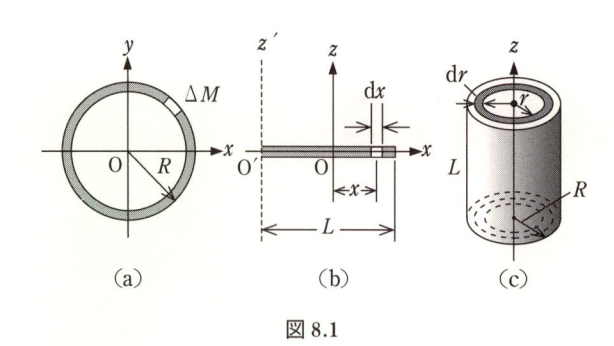

(a) (b) (c)

解 $I = m_1 r_1^2 + m_2 r_2^2 + \cdots$ の微小体積要素の質量 $m_i \to 0$ の極限を $I = \int r^2 \, dm$ と記す.

(1) $I = \int r^2 \, dm = R^2 \int dm = MR^2 \quad \left(\int dm = M \right)$

(2) 棒の長さ dx の部分の質量は $dm = M \dfrac{dx}{L}$ なので,

$$I = \int r^2 \, dm = \int_{-\frac{L}{2}}^{\frac{L}{2}} x^2 \frac{M}{L} dx = \frac{M}{L} \int_{-\frac{L}{2}}^{\frac{L}{2}} x^2 \, dx$$

$$= \frac{M}{L} \left[\frac{x^3}{3} \right]_{-\frac{L}{2}}^{\frac{L}{2}} = \frac{1}{12} ML^2$$

(3) $I = \int r^2 \, dm = \int_0^L x^2 \dfrac{M}{L} dx = \dfrac{M}{L} \int_0^L x^2 \, dx$

$$= \frac{M}{L} \left[\frac{x^3}{3} \right]_0^L = \frac{1}{3} ML^2.$$ ここで x は O′ からの距離.

(4) 円柱の密度 $\rho = \dfrac{M}{\pi R^2 L}$. 半径が r と $r + dr$ の間の厚さ dr の円筒の質量は $dm = \rho (2\pi r \, dr) L$ なので, $I = \int r^2 \, dm = 2\pi \rho L \int_0^R r^3 \, dr$

$$= 2\pi \rho L \left[\frac{r^4}{4} \right]_0^R = \frac{1}{2} \pi \rho L R^4 = \frac{1}{2} MR^2$$

例題 8.2 図 8.2 の装置でおもり m_1, m_2 の加速度 a と糸の張力 S_1, S_2 を求めよ. $m_1 = 20$ kg, $m_2 = 10$ kg, $M = 20$ kg, $R = 20$ cm, $I = \dfrac{1}{2} MR^2$ の場合の a, S_1, S_2 を計算せよ.

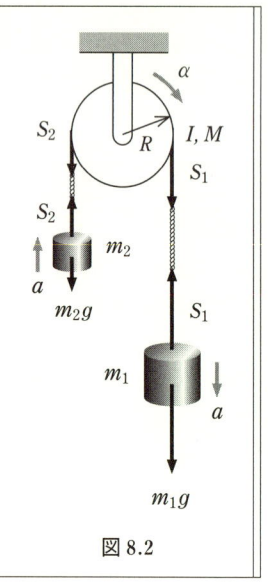

図 8.2

解 おもりと滑車の方程式, $m_1 a = m_1 g - S_1$, $m_2 a = S_2 - m_2 g$, $I\alpha = \dfrac{I}{R} a = S_1 R - S_2 R$ を解くと,

$$a = \frac{(m_1 - m_2) g}{m_1 + m_2 + \dfrac{I}{R^2}}, \quad S_1 = \frac{2 m_2 + \dfrac{I}{R^2}}{m_1 + m_2 + \dfrac{I}{R^2}} m_1 g,$$

$$S_2 = \frac{2 m_1 + \dfrac{I}{R^2}}{m_1 + m_2 + \dfrac{I}{R^2}} m_2 g$$

$m_1 = 20$ kg, $m_2 = 10$ kg, $M = 20$ kg, $R = 20$ cm の

ときは，$\frac{I}{R^2} = \frac{M}{2} = 10$ kg で，$a = 2.5$ m/s^2，$S_1 = 147$ N，$S_2 = 123$ N．

例題 8.3 角加速度が一定な円運動を**等角加速度円運動**という．角加速度が一定で α の等角加速度円運動では時刻 $t = 0$ での角位置を θ_0，角速度を ω_0 とすると，時刻 t での角速度 ω と角位置 θ は，$\omega = \omega_0 + \alpha t$，$\theta = \frac{1}{2}\alpha t^2 + \omega_0 t + \theta_0$ である．

速さが一定ではない半径 r の円運動をしている物体の加速度には，中心を向いた大きさが $r\omega^2$ の向心加速度の他に接線方向を向いた大きさが $r\alpha$ の接線加速度がある．

回転台の電源を切ったら，1分間に30回転の割合で一様に回転していた台が一様に減速して10秒後に停止した．

(1) 減速中の角加速度はいくらか．
(2) この間に回転台は何回転したか．

解 (1) $\omega_0 = 2\pi f_0 = 2\pi \times (0.5 \text{ s}^{-1}) = 3.14 \text{ s}^{-1}$.
$\alpha = \frac{0 - (3.14 \text{ s}^{-1})}{10 \text{ s}} = -0.314 \text{ s}^{-2}$

(2) $\theta - \theta_0 = \frac{1}{2}\alpha t^2 + \omega_0 t = -\frac{1}{2} \times (0.314 \text{ s}^{-2}) \times (10 \text{ s})^2 + (3.14 \text{ s}^{-1}) \times (10 \text{ s}) = 15.7$ rad.

1回転したときの回転角は 2π rad なので，2.5 回転した．

演習問題 8A

8A.1 棒が点 A でピンによって支持されている（図 8.3）．棒の点 C, D にそれぞれ下向きに 10 N, 20 N の力が加わっているとき，棒を水平に保持するために点 B に上向きに加える力 F の大きさを求めよ．棒の質量は無視せよ．

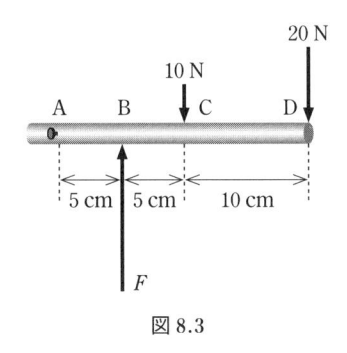

図 8.3

8A.2 図 8.4 のように，$m = 50$ kg の物体を水平な軽い棒で2人の人間 A, B が支えるとき，2人の肩が棒を支える力 F_A, F_B を，棒と物体に作用する3つの力 F_A, F_B と重力 $W = mg = (50 \text{ kg}) \times (9.8 \text{ m/s}^2) = 490$ N のつり合いの条件から求めよ．

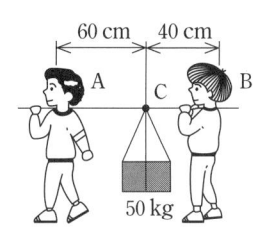

図 8.4

8A.3 図 8.5 の飛び込み台の長さ 4.5 m の板の端に質量が 50 kg の選手が立っている．板の質量が無視できるとき，1.5 m 間隔の2本の支柱に働く力 F_1, F_2 を求めよ．

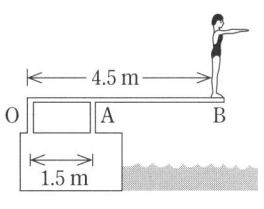

図 8.5

8A.4 図 8.6 のように，一様な長方形の板を軽い水平な棒につける．棒は壁に固定したちょうつがいと綱で

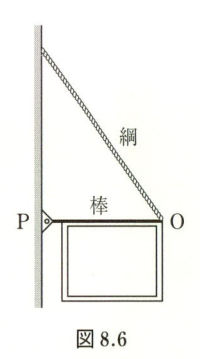

固定されている.
(1) 壁が棒に作用する力の水平成分は右向きか左向きか.
(2) 壁が棒に作用する力の鉛直成分は上向きか下向きか.

8A.5 図8.7に示すように,長さ L,質量 m の一様な棒の根本が軸で止まっている.棒の下端から距離 x のところから針金が水平に張ってあり,棒は鉛直から角度 θ だけ傾いている.質量 M の物体が棒の上端にぶら下がっているとき,水平な針金の張力の強さ T を求めよ.

8A.6 球が高さ 4.9 m のところから,(1) 自由落下する場合と(2) 長さ 9.8 m の斜面を滑らずに転がり落ちる場合のそれぞれの落下時間を求めよ.

演習問題 8B

8B.1 図8.8の飛び込み台の長さ L,質量 M の板の左端に質量 M の物体が置いてある.右端の支柱が板に作用する力の大きさと向きを求めよ.

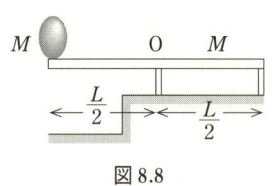

8B.2 半径 R,質量 M の円柱にロープを巻きつけて,図8.9のように,ロープの一端を水平に引っ張って,高さ h の段を引き上げるための最小の力の大きさ F を求めよ.円柱の中心軸に棒をさして水平に押す場合の力の大きさ F_C も求めよ.$M = 60$ kg,$R = 0.5$ m,$h = 0.2$ m の場合の力の大きさ F と F_C を計算せよ.

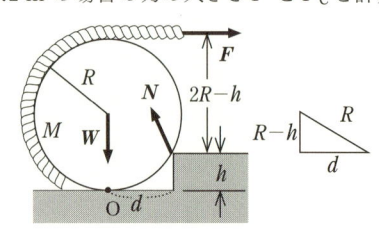

8B.3 長さ L,質量 m の厚さも幅も材質も一様な板が壁に立てかけてある.板の上端と壁の摩擦は無視でき,板の下端と床の静止摩擦係数を μ とする.板をどこまで傾けると板は床に倒れるか.板と床の角を θ とする.

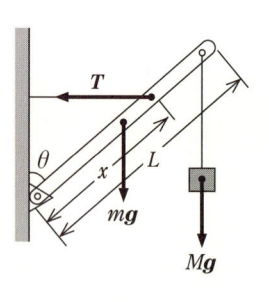

8B.4 図8.10のテープを送る装置のA,Bの直径を D_A, D_B とすると,A,Bの1分あたりの回転数 n_A, n_B の比は直径の比の逆数 $\dfrac{n_A}{n_B} = \dfrac{D_B}{D_A}$ であることを示せ.

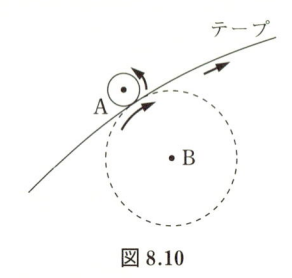

8B.5 新幹線電車の車輪の直径は 0.91 m である.この車輪が1秒間に20回転しながら電車が走行しているとき,車輪の回転の角速度と電車の速さを求めよ.

8B.6 半径 r_L の大きな車輪と半径 r_S の小さな車輪が滑らないベルトで結ばれている(図8.11).2つの車輪の角速度 ω_L, ω_S の大小関係を求めよ.角加速度 α_L, α_S の大小関係も求めよ.

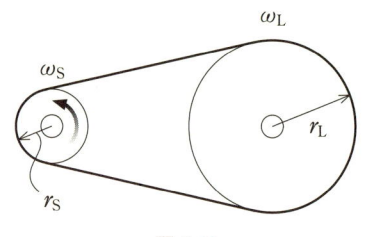

8B.7 時計の長針の角速度 ω_L と短針の角速度 ω_S の比はいくらか．長針の先端の速さ v_L と短針の先端の速さ v_S の比は $\omega_L : \omega_S$ と同じか．

8B.8 図 8.12 の水平との傾きが 30 度の斜面を滑らずに転がり落ちる車輪の加速度を計算せよ．車輪の質量を M，慣性モーメントを I_G，軸の半径を R_0 とせよ．

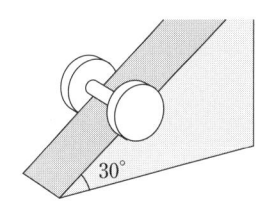

図 8.12

演習問題 8C

8C.1 (1) 滑車の仕組みには，滑車の位置が動かない**定滑車**（図 8.13a）と滑車の位置が動く**動滑車**（図 8.13b）がある．引き上げる物体の質量 m に比べて滑車とロープの質量が無視できる場合，ロープをゆっくり引く手の力の大きさ F を求めよ．

(2) 図 8.14 に示す，半径の異なる 2 枚の円板を接着した滑車の場合にはどうなるか．動滑車の場合，ロープが滑車と離れる点 P は，この瞬間の回転の中心であることに注意すること．

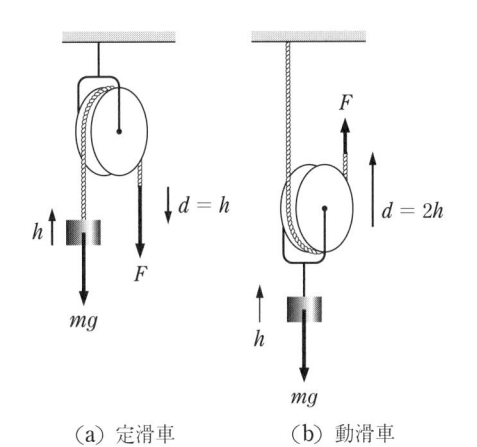

(a) 定滑車　　(b) 動滑車

図 8.13

8C.2 バットを点 O で握って，点 O が移動しないようにしながらバットを水平面（xy 面）内で回転して，投手の投げたボールを水平に打ち返した．手に抗力が生じないのは，ボールがバットのどこに当たった場合か．

8C.3 時速 54 km（= 15 m/s）で走っていた質量 5000 kg のトラックがブレーキをかけたところ，車輪が滑りながら 5 秒後に停止した．タイヤと路面の動摩擦係数 μ' を求めよ．

8C.4 質量 M，長さ L の細長い一様な棒を 2 本の鉛直な糸で図 8.15 のように吊る．1 本の糸を切った．その直後の他の糸の張力 S を求めよ．

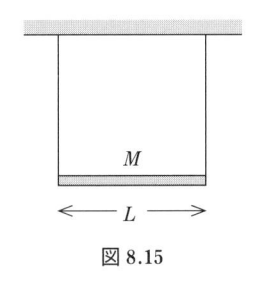

図 8.15

8C.5 図 8.16 の質量 M，長さ L の一様な棒は点 O のまわりでなめらかに回転できる．棒を水平な状態から静かに手をはなした．

(1) 手をはなした瞬間の棒の重心 G の加速度 A と回転の角加速度 α を求めよ．

(2) 棒が鉛直になったときの重心の速さ V を計算せよ．

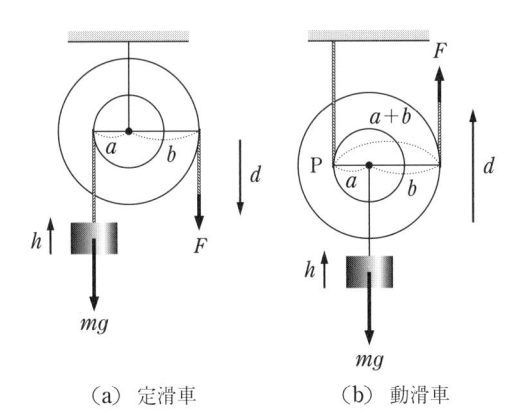

(a) 定滑車　　(b) 動滑車

図 8.14

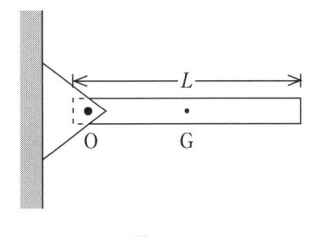

図 8.16

慣性力　9

第9章の要約

慣性系　慣性の法則が成り立つ座標系．慣性系に対して等速直線運動している座標系は慣性系である（ガリレオの相対性原理）．

非慣性系　慣性の法則が成り立たない座標系．

慣性力　慣性系に対して加速度運動している非慣性系で，運動の法則を見かけ上成り立たせようとするとき，導入しなければならない見かけの力．慣性系に対して加速度 a_0 で並進運動している座標系では，質量 m の物体に対して慣性力 $-ma_0$ が作用する．慣性系に対して角速度 ω で回転している回転座標系では，物体を回転軸から離す向きに大きさが $m\dfrac{v^2}{r} = mr\omega^2$ の遠心力が作用する．回転座標系に対して速度 v' で運動している物体にはコリオリの力 $2mv' \times \omega$ も働く．ω は角速度ベクトルで，大きさは角速度 ω，方向は回転軸の方向，向きは回転の向きにねじを回すときにねじの進む向きである．

例題 9.1　人間は，一定の角速度で回転している台の上に乗ると，回転軸から離そうとする向きの遠心力を感じる．（1）遠心力の合力の作用点はどこだと見なせるか．（2）回転台の上に足を揃えて立っている人間が回転台に対して静止しているためのつり合い条件を求めよ．

解　（1）重力加速度 g は身体のすべての部分で一定と考えてよいが，遠心力による見かけの加速度 $\omega^2 r$ は回転の中心からの距離 r に比例して増加する．しかし，回転中心からの距離がほぼ一定だと見なせる場合には，遠心力の合力の作用点は重心だと見なせる．

（2）回転座標系で人間に作用する力は，向心力である床の作用する摩擦力 F，床の作用する垂直抗力 N，遠心力 $m\omega^2 r$ および重力 mg である．これらの力がつり合う条件は，（1）摩擦係数が大きいので摩擦力と遠心力がつり合い，（2）人間の重心に作用する見かけの重力（重力と遠心力の合力）の作用線が靴と床の接触面を通ることである（図 9.1）．

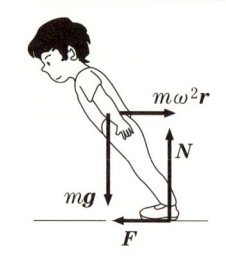

図 9.1

演習問題 9A

9A.1　(1) 等速直線運動している電車の中で，手に持っていたボールをそっとはなした．ボールのその後の運動は，電車の乗客および地上の観測者によってどのように観測されるか．また，この運動は運動の法則によってどのように説明されるか．図 9.2 を参考にせよ．

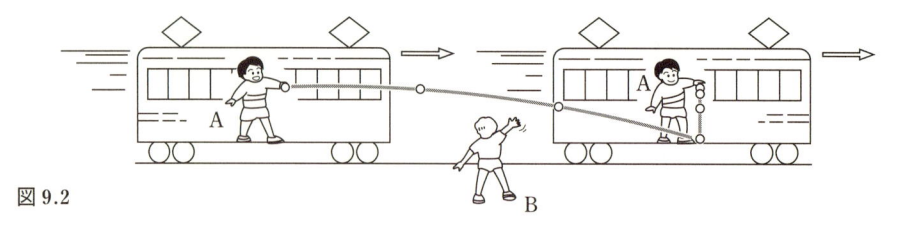

図 9.2

(2) 一定の速さで歩いている人が手にもっていたボールをそっとはなした．ボールが道路に落ちた地点とそのときの人間の位置の関係を示せ．

(3) 昔，地動説を主張した人は，「高い塔の上から石を落とすと，石が地上に落下する間に地球は動くので，石は塔の真下ではなく，塔から離れたところに落ちるはずだ」と反対されたそうである．あなたはどう考えるか．

9A.2 半径 $r = 30$ m の円形道路を時速 54 km で走っている自動車の中に吊るしたおもりをつけたひもが鉛直となす角 θ を求めよ．ひもはどの方向に傾くか．

9A.3 地球が完全な球形ではなく，赤道のところは球形よりふくらんでいる理由を考えよ．

9A.4 南半球では台風のうず巻きの向きはどうなるか．

演習問題 9B

9B.1 ある遊園地には，中空な円筒形の部屋が中心軸のまわりに回転できるようになっているローターとよばれる遊具がある．ローターの乗客は壁に背をつけて立つ（図9.3）．ローターが回りはじめ，回転速度が増していき，ある速さになると，ローターの床が下降する．乗客の足は床から離れ，重力とつり合っていた床からの抗力がなくなったのに，乗客が落下しないのは，壁の作用する摩擦力のためである．

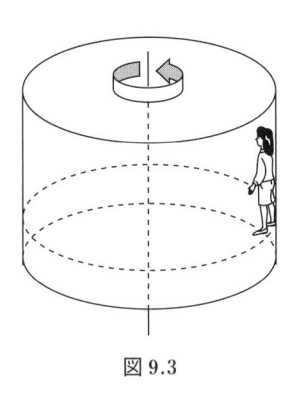

図9.3

(1) ローターの内部の半径を 2.8 m，乗客と壁の間の静止摩擦係数を 0.4 とすると，床を下降させるときのローターの1分間あたりの回転数は最低いくらか．

(2) 乗客は重力と遠心力の合力を見かけの重力と感じる．乗客の感じる見かけの重力の方向が，運転開始からどのように変わるかを説明せよ．ローターが大きな回転速度で回っているときに，乗客は仰向けに寝ているような感じがするという．その理由を説明せよ．

9B.2 凍結したスキー場のなめらかな斜面（水平面となす角 α）の上を直滑降するスキーヤーが手に振り子を持っている．振り子の糸の向きが一定になったときに糸が鉛直となす角 θ を求めよ．スキーと斜面の間に摩擦がある場合はどうなるか．

9B.3 水の入っているバケツを手に持って，半径 1.2 m の円を描くように鉛直面内で回す．バケツが真上にきても，水がこぼれない最小回転数 f を求めよ．

9B.4 一定の加速度 a で鉛直に昇っているエレベーターの中で，床から h の高さの所から物体を真横に速さ u で投げたとき，物体は床のどこに落ちるか．

演習問題 9C

9C.1 半径 $r = 30$ m の円形道路を時速 54 km で走っている自動車の乗客が，ヘリウムを詰めた風船のひもの端をもっている．風船のひもが鉛直となす角 θ を求めよ．ひもはどの方向に傾くか．

9C.2 図9.4に示すように，水平面内で一端 O のまわりに一定の角速度 ω で回転する内面がなめらかな管の内部で，点 O から距離 r の点を速さ v' で端の方に動いている質量 m の物体に管が及ぼ

図9.4

す力 F の大きさは $F = 2mv'\omega$ であることを，角運動量 $mr^2\omega$ の時間変化率が力 F のモーメント rF に等しい事実から導け．この力 F と逆向きの力 $\boldsymbol{F} = 2m\boldsymbol{v}' \times \boldsymbol{\omega}$ がコリオリの力である．

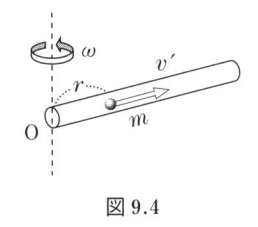

9C.3 北半球で，コリオリの力は高気圧から吹き出す気流や低気圧に吹き込む気流の進路を右の方にそらすように働く．日本で北方にロケットを発射すると，発射直後の進路も右の方にそれるだろうか．地球の自転の角速度ベクトルの向きは南極から北極の方向を向いていることに注意せよ．

ベクトル 10

第10章の要約

ベクトル 大きさと方向と向きをもち，平行四辺形の規則に従う和が定義されている量．

スカラー 大きさをもつが向きをもたない量．

ベクトル A, B の和 $A+B$ 平行四辺形の規則で定義される（図 10.1）．交換則 $A+B = B+A$ と結合則 $(A+B)+C = A+(B+C)$ が成り立つ．

ベクトル A のスカラー k 倍 kA 大きさがベクトル A の大きさ $A = |A|$ の $|k|$ 倍で，$k > 0$ なら A と同じ向き，$k < 0$ なら A と逆向きのベクトル．

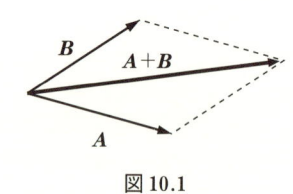

ゼロベクトル 0 大きさが 0 のベクトル．

ベクトル A, B の差 $A-B$ $A-B = A+(-B)$，$-B = (-1)B$

ベクトルの成分 直交座標系でのベクトル A の成分を A_x, A_y, A_z と記し，$+x$ 軸，$+y$ 軸，$+z$ 軸方向を向いた単位ベクトル（長さが 1 のベクトル）を i, j, k と記すと，
$A = A_x i + A_y j + A_z k$ と表され，これを $A = (A_x, A_y, A_z)$ と記す．
$$A = |A| = \sqrt{A_x^2 + A_y^2 + A_z^2} \qquad A+B = (A_x+B_x, A_y+B_y, A_z+B_z) \qquad kA = (kA_x, kA_y, kA_z)$$

位置ベクトル r 原点 O を始点とし，物体の位置 $P(x, y, z)$ を終点とするベクトル．
$$r = xi + yj + zk, \quad r = |r| = \sqrt{x^2 + y^2 + z^2}$$

スカラー積 A, B のスカラー積（内積）$A \cdot B$ はスカラーで，A, B のなす角を θ とすると，$A \cdot B = AB \cos\theta = A_x B_x + A_y B_y + A_z B_z$（図 10.2）．$A \cdot A = |A|^2$．交換則 $A \cdot B = B \cdot A$ と分配則 $A \cdot (B+C) = A \cdot B + A \cdot C$ が成り立つ．$A \cdot B = 0$ ならば，$A \perp B$

ベクトル積 A, B のベクトル積（外積）$A \times B$ はベクトルで，大きさは A と B を隣り合う 2 辺とする平行四辺形の面積 $AB \sin\theta$，方向は A と B の両方に垂直，向きは A から B へ（180°より小さい角を通って）右ねじを回すときにねじの進む向き（図 10.3）．分配則 $A \times (B+C) = A \times B + A \times C$ は成り立つが，交換則の代わりに $A \times B = -B \times A$ が成り立つ．$A \times A = 0$
$$A \times B = (A_y B_z - A_z B_y)i + (A_z B_x - A_x B_z)j + (A_x B_y - A_y B_x)k$$

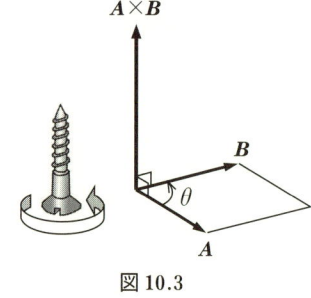

ベクトルの微分 $\dfrac{dA}{dt} = \lim_{\Delta t \to 0} \dfrac{\Delta A}{\Delta t}$．$\dfrac{\Delta A}{\Delta t}$ は向きが $\Delta A = A(t+\Delta t) - A(t)$ と同じ向きで，大きさが $|\Delta A| \times \dfrac{1}{\Delta t}$ のベクトル．$\dfrac{dA}{dt} = \dfrac{dA_x}{dt}i + \dfrac{dA_y}{dt}j + \dfrac{dA_z}{dt}k$，$\dfrac{d(A+B)}{dt} = \dfrac{dA}{dt} + \dfrac{dB}{dt}$．
$$\dfrac{d(kA)}{dt} = k\dfrac{dA}{dt} + \dfrac{dk}{dt}A. \qquad \dfrac{d}{dt}(A \cdot B) = \dfrac{dA}{dt} \cdot B + A \cdot \dfrac{dB}{dt}. \qquad \dfrac{d}{dt}(A \times B) = \dfrac{dA}{dt} \times B + A \times \dfrac{dB}{dt}.$$

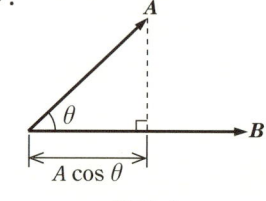

図 10.1

図 10.2

図 10.3

例題 10.1 (1) $A \cdot A = |A|^2$ という性質を使って
$$|A+B| = (A^2+B^2+2AB\cos\theta)^{1/2}$$
を導け．θ は 2 つのベクトル A, B のなす角である．
(2) $|A-B|$ を A, B, θ で表せ．
(3) $|A||B| \neq 0$ で $|A+B| = |A-B|$ ならば，$A \perp B$ であることを示せ．
(4) 大きさの異なる 2 つのベクトル A, B の和が 0 でありえるか．

解 (1) $|A+B|^2 = (A+B) \cdot (A+B) = A \cdot A + B \cdot B + A \cdot B + B \cdot A = A^2 + B^2 + 2AB\cos\theta$
(2) $|A-B|^2 = A \cdot A + B \cdot B - A \cdot B - B \cdot A = A^2 + B^2 - 2AB\cos\theta$
∴ $|A-B| = (A^2+B^2-2AB\cos\theta)^{1/2}$
(3) $|A+B| = |A-B|$ ならば $(A^2+B^2+2AB\cos\theta)^{1/2} = (A^2+B^2-2AB\cos\theta)^{1/2}$．$AB \neq 0$ なので，$\cos\theta = 0$．∴ $A \perp B$
(4) $A \neq B$ なら $|A+B|^2 = A^2 + B^2 + 2AB\cos\theta \geq A^2 + B^2 - 2AB = (A-B)^2 > 0$ なので，ありえない．

例題 10.2 図 10.4 で角 ϕ がどのような値のとき，$C = A + B$ は
(1) 大きさが最大になるか．
(2) 大きさが最小になるか．
(3) $\phi = 90°$ のときの C を求めよ．

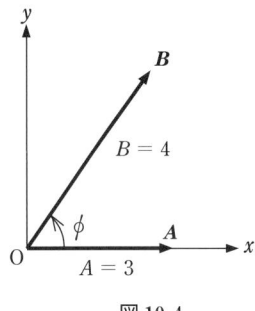

図 10.4

解 $C = (A^2+B^2+2AB\cos\phi)^{1/2} = (25+24\cos\phi)^{1/2}$．
(1) C が最大になるのは，$\cos\phi = 1$ の $\phi = 0°$ のとき．$C = 7$．
(2) C が最小になるのは，$\cos\phi = -1$ の $\phi = 180°$ のとき．$C = 1$．
(3) $C_x = A = 3$, $C_y = B = 4$, $C = 5$．

演習問題 10A

10A.1 図 10.5 の A, B に対する $A-B$ はどれか．

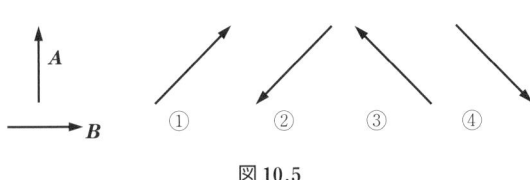

図 10.5

10A.2 図 10.6 の A, B に対する，$2A$, $3B$, $2A+3B$, $2A-3B$ を図示せよ．

図 10.6

10A.3 2 つのベクトル $A = (2\sqrt{3}, 2)$, $B = (-\sqrt{3}, 1)$ がある．$A+B$ と $A-B$ を求めよ．

10A.4 2 つのベクトル A, B は同じ大きさである．ベクトル A は真東を向き，ベクトル B は真北を向いている．ベクトル $A-B$ はどの方向を向いているか．その大きさはベクトル A の大きさの何倍か．

10A.5 2 つのベクトル A, B のスカラー積 $A \cdot B$ を求めよ．
(1) $A = 3i + 2j$, $B = 5i - 2j$
(2) $A = 3i - 2j + 5k$, $B = 6i + 3j - 2k$

10A.6 ベクトル $A = (5, 4)$, $B = (-2, 6)$ について，
(1) $|A|$, $|B|$ (2) $A+B$, $|A+B|$
(3) $A-B$, $|A-B|$ (4) $3A+2B$ (5) $A \cdot B$
を計算せよ．

10A.7 つぎの 2 つのベクトルは垂直か．
$A = (5, 4, 3)$, $B = (-3, -4, 5)$．

演習問題 10B

10B.1 2つのベクトル $A = (2\sqrt{3}, 2)$, $B = (-\sqrt{3}, 1)$ のなす角 θ を求めよ.

10B.2 2つのベクトル $A = (4, 2, 5)$ と $B = (-2, -3, 6)$ のベクトル積 $A \times B$ を求めよ.

10B.3 大きさが等しくて,和が $\mathbf{0}$ の3つのベクトル A, B, C がある ($|A| = |B| = |C|$ で,$A + B + C = \mathbf{0}$). A, B, C はどのような条件を満たすか.

10B.4 3つのベクトル A, B, C がある. $A + B + C = \mathbf{0}$ で $A \perp B$ の場合, $|C|$ を $|A|$ と $|B|$ で表せ.

10B.5 2点 A, B の中点 C の位置ベクトル r_C を,2点 A, B の位置ベクトル r_A と r_B で表せ.

10B.6 2点 A, B の位置ベクトルを $r_A = (5, 4)$, $r_B = (-1, 7)$ とする. 線分 $\overline{AB}$ を 2:1 に内分する点 P の位置ベクトル r_P を求めよ.

10B.7 2つのベクトル $A = (2, 5, 4)$ と $B = (c, 6, -2)$ が垂直になるように定数 c を定めよ.

10B.8 $A = (A_x, A_y, A_z)$ と同じ向きを向き,長さが1のベクトル $\hat{A}$ を求めよ.

10B.9 2つのベクトル $A = (1, 2, 0)$ と $B = (1, 1, -1)$ の両方に垂直な単位ベクトル C を求めよ.

10B.10 位置ベクトルが
$$r = \frac{qE}{2m} t^2 + v_0 t + r_0$$
の質点(質量 m)の速度と加速度,および運動方程式を求めよ.

10B.11 (1) 速さ v が一定の運動,つまり,$v^2 = v \cdot v = $ 一定である運動では,$v \perp a$ であることを示せ.
(2) 速度 v と加速度 a が垂直な運動,つまり,$v \cdot a = 0$ を満たす運動は,速さ v が一定な運動であることを示せ.
(3) 一様な磁場の中で磁気力 $F = qv \times B$ だけの作用をうけている電荷 q の荷電粒子の運動エネルギーは一定であることを示せ.
(4) 原点からの距離 r が一定の運動では,$r \perp v$ であることを示せ.

演習問題 10C

10C.1 ベクトル形式の放物運動の運動方程式
$$ma = mg$$
を解け.

10C.2 3つのベクトル a, b, c を3辺とする平行六面体の体積は $|(a \times b) \cdot c|$ に等しいことを示せ (図 10.7).

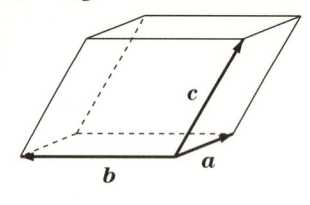

図 10.7

10C.3 地球が,太陽をめぐる軌道の上で火星を追い越すと,火星は地球から見て逆行しているように見える. 図10.8 は等しい時間間隔でとった太陽の位置と火星の位置を地球を原点とする座標系で示したものである. ただし, 地球の公転面と火星の公転面の不一致は無視してある.
(1) 太陽 S に対する地球 E と火星 M の相対位置ベクトルを r_{ES}, r_{MS} とし,地球に対する太陽と火星の相対位置ベクトルを r_{SE}, r_{ME} とすると,
$$r_{ES} = -r_{SE}, \quad r_{MS} = r_{ME} - r_{SE}$$
という関係があることを示せ. なお,物体 A に対する物体 B の相対位置ベクトル r_{BA} とは,物体 A を始点とし物体 B を終点とするベクトルである ($r_{BA} = r_B - r_A$).

(2) 図 10.8 の場合,地球の位置と火星の位置を太陽を原点とする座標系で示せ.

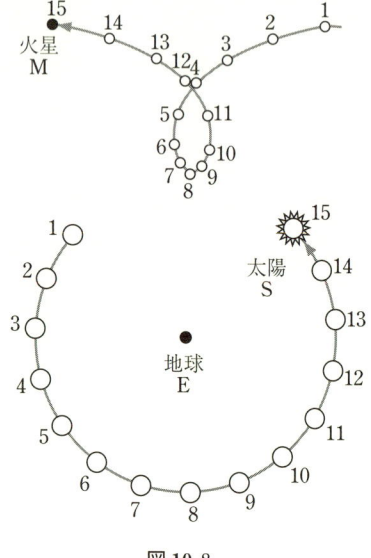

図 10.8

解　答

第1章

演習問題 1A

1A.1　$1 \text{ km/h} = \dfrac{1000 \text{ m}}{3600 \text{ s}} = \dfrac{1}{3.6} \text{ m/s}$.　∴　$1 \text{ m/s} = 3.6 \text{ km/h}$.　$72 \text{ km/h} = \dfrac{72}{3.6} \text{ m/s} = 20 \text{ m/s}$

1A.2　$5 \text{ m/s} = 5 \times (3.6 \text{ km/h}) = 18 \text{ km/h}$,　$10 \text{ m/s} = 36 \text{ km/h}$,　$20 \text{ m/s} = 72 \text{ km/h}$,　$30 \text{ m/s} = 108 \text{ km/h}$,　$40 \text{ m/s} = 144 \text{ km/h}$

1A.3　$t = \dfrac{d}{v} = \dfrac{150000000 \text{ km}}{300000 \text{ km/s}} = 500 \text{ s} = 8\dfrac{1}{3} \text{ min} = 8 \text{ min } 20 \text{ s}$

1A.4　$+x$ 方向に進む場合には，速度 = 速さ．$-x$ 方向に進む場合には，速度 = −速さ < 0．
速度は x-t グラフの勾配．速さは x-t グラフの傾き．傾きが大きいほど速い．右下がりなら速度は負．

1A.5　勾配が v_0 で，x 軸との切片が x_0 の直線（図 S1.1）.

1A.6　(1) 図 S1.2 参照
(2) 図 S1.3 参照

1A.7　(1) 速さ
(2) 加速度

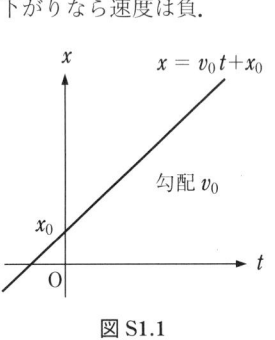

図 S1.1

1A.8　図 S1.4 参照

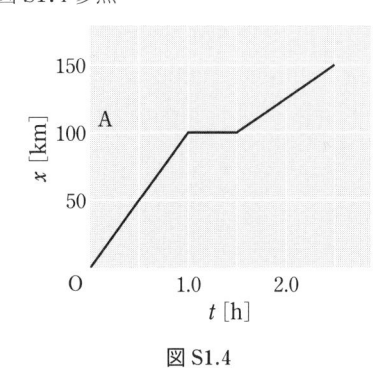

図 S1.4

1A.9　図 S1.5 参照

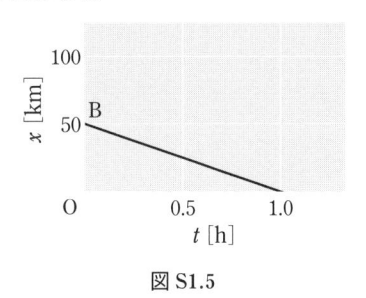

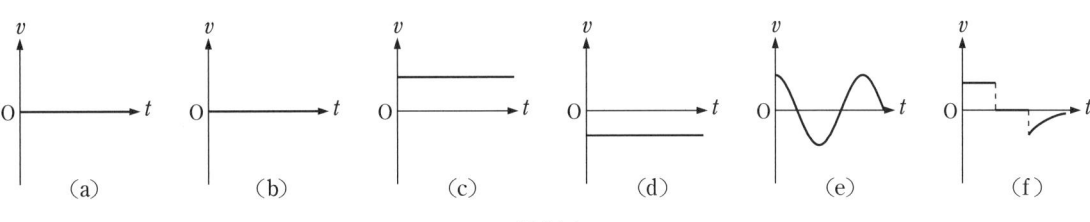

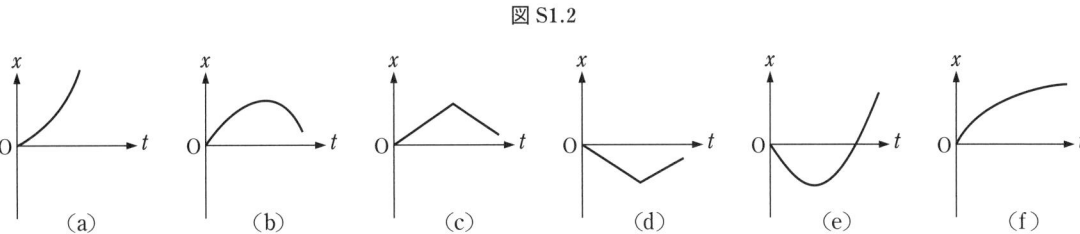

図 S1.5

図 S1.2

図 S1.3

1A.10 (1) 時刻 t_A から時刻 t_C までの平均速度 $\bar{v}$ は有向線分 $\overrightarrow{AC}$ の勾配．
(2) それぞれの速度は各時刻における x-t グラフの接線の勾配である．時刻 t_A, t_B, t_C の中では t_C における接線の勾配が最大である．また，これは $\overrightarrow{AC}$ の勾配よりも大きい．よって v_C．
(3) v_B (4) $v_C, v_A, \bar{v}, v_B$

1A.11 $a = \dfrac{dv}{dt} = \dfrac{dv}{dx}\dfrac{dx}{dt} = -\dfrac{V}{k}\dfrac{dx}{dt} = -\dfrac{V}{k}v = -\dfrac{V^2}{k}\left(1-\dfrac{x}{k}\right)$.

1A.12 m, s, m/s, m/s^2

1A.13 加速中 $a = \dfrac{(24\text{ m/s})-(0\text{ m/s})}{(20\text{ s})-(0\text{ s})} = \dfrac{24\text{ m/s}}{20\text{ s}}$
$= 1.2\text{ m/s}^2$, $0\text{ s} < t < 20\text{ s}$

等速運転中 $a = \dfrac{(24\text{ m/s})-(24\text{ m/s})}{(120\text{ s})-(20\text{ s})} = \dfrac{0\text{ m/s}}{100\text{ s}}$
0 m/s^2, $20\text{ s} < t < 120\text{ s}$

減速中 $a = \dfrac{(0\text{ m/s})-(24\text{ m/s})}{(150\text{ s})-(120\text{ s})} = \dfrac{-24\text{ m/s}}{30\text{ s}}$
-0.8 m/s^2, $120\text{ s} < t < 150\text{ s}$

図 S1.6 参照

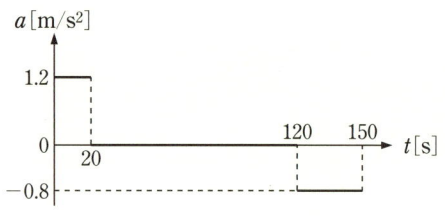

図 S1.6

1A.14 (1) ① a   (2) ② f   (3) ① d
1A.15 (1) ① a   (2) ② c   (3) ① b
(4) ③ c   (5) ② b   (6) ① a
1A.16 ③
1A.17 重力加速度
1A.18 図 S1.7 参照
1A.19 $\boldsymbol{v}_1 = (-50\text{ m/s}, 0\text{ m/s})$,
$\boldsymbol{v}_2 = (0\text{ m/s}, 50\text{ m/s})$, $\boldsymbol{v}_{12} = \boldsymbol{v}_1 - \boldsymbol{v}_2$
$= (-50\text{ m/s}, 0\text{ m/s}) - (0\text{ m/s}, 50\text{ m/s})$
$= (-50\text{ m/s}, -50\text{ m/s})$.

図 S1.7

1A.20 図 S1.8 参照
1A.21 上向き．図 S1.9 参照．

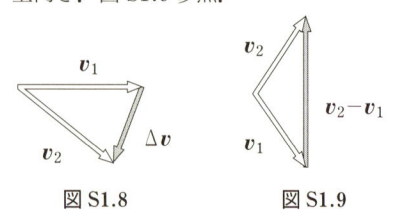

図 S1.8   図 S1.9

1A.22 ②
1A.23 ②
1A.24 ②
1A.25 (1) 図 S1.10 参照 (2) 6.0 s 間の変位の大きさは 20 m．平均速度の大きさ $= \dfrac{20\text{ m}}{6.0\text{ s}} = 3.3$ m/s
(3) 12 秒間の変位は **0** なので，平均速度の大きさは 0

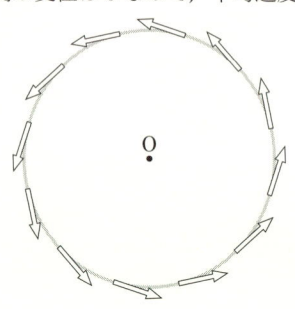

図 S1.10

1A.26 左向き．図 S1.11 参照

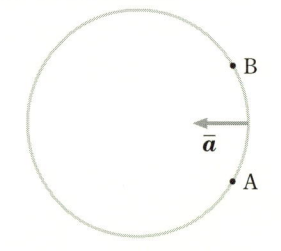

図 S1.11

演習問題 1B

1B.1 $\dfrac{200\text{ m}}{30\text{ s}} = \dfrac{20}{3}$ m/s $= \dfrac{20}{3}\times(3.6$ km/h$) =$
24 km/h なので，制限速度の 40 km/h 以下である．

1B.2 (1) $(100\text{ km/h})t = (50\text{ km}) - (50\text{ km/h})t$ から
$(150\text{ km/h})t = 50\text{ km}$ ∴ $t = \dfrac{1}{3}$ h.
$x = (100\text{ km/h})\times\left(\dfrac{1}{3}\text{ h}\right) = \dfrac{100}{3}$ km $= 33.3$ km.
交点は 2 つの自動車が遭遇する時刻と地点．
(2) x と t は，単位の km と h を除いた数値部分．

1B.3 A と B がどちらも $-x$ 方向に歩いている場合に，A の速さが B の速さより大きい場合には速度は $v_A < v_B$．たとえば $v_A = -4$ km/h, $v_B = -2$ km/h

1B.4 図 S1.12 参照

1B.5 $\bar{a} < 0$ でも速さが増加する例：速度が 10 秒間で 0 m/s から -10 m/s に変化する場合，
$\bar{a} = \dfrac{(-10\text{ m/s})-(0\text{ m/s})}{10\text{ s}} = -1$ m/s^2
$\bar{a} > 0$ でも速さが減少する例：速度が 10 秒間で -10

解答 49

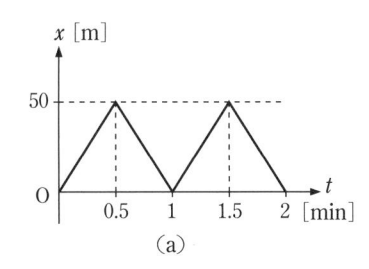

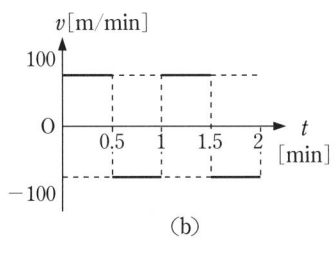

図 S1.12

(a) x[m] グラフ: 0, 0.5, 1, 1.5, 2 [min], ピーク 50

(b) v[m/min] グラフ: ±100, 時間軸 0.5, 1, 1.5, 2 [min]

m/s から 0 m/s に変化する場合,
$$\bar{a} = \frac{(0 \text{ m/s}) - (-10 \text{ m/s})}{10 \text{ s}} = 1 \text{ m/s}^2$$

1B.6 ① ×(x-t グラフの接線の勾配がその瞬間の速度である. 明らかに $v_A > v_B$)
② ○(時刻 t_A において位置 x は等しい)
③ ×(A の接線の勾配は時間とともに増加しているので A は加速し続けているが, B は等速度運動)
④ ○(接線の勾配が等しい時刻に速度は等しい)
⑤ ×(A の加速度はつねに正, B の加速度はつねに 0)

1B.7 $v_A = (-0.75\sqrt{2} \text{ m/s}, 0.75\sqrt{2} \text{ m/s})$,
$v_B = (-0.75\sqrt{2} \text{ m/s}, -0.75\sqrt{2} \text{ m/s})$,
$v_{BA} = v_B - v_A = (0, -1.5\sqrt{2} \text{ m/s})$.

演習問題 1C

1C.1 (1) 動く歩道に対して垂直に歩けばよい. 時間は $t_1 = \dfrac{L}{v}$. この間に動く歩道は道に対して $v_0 t_1 = v_0 \dfrac{L}{v}$ だけ移動している.

(2) 動く歩道は時間 t_2 に道に対して $v_0 t_2$ 移動するので, 図 S1.13 の点 B を目指して距離 $v t_2$ 歩く必要がある.
∴ $(v_0 t_2)^2 + L^2 = (v t_2)^2$ から
$$t_2 = \frac{L}{\sqrt{v^2 - v_0^2}}$$

1C.2 $x = At + B$, $y = Ct^2 + Dt + E$ を微分して速度 v, 加速度 a を求めると,

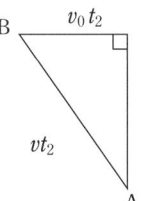

図 S1.13

$$v = \left(\frac{dx}{dt}, \frac{dy}{dt}\right) = (A, 2Ct + D),$$
$$a = \left(\frac{dv_x}{dt}, \frac{dv_y}{dt}\right) = (0, 2C)$$
$a = (0, -1.0 \text{ m/s}^2) = (0, 2C)$ から $C = -0.5 \text{ m/s}^2$
$t = 0$ で $v = (A, D) = (2.0 \text{ m/s}, 1.0 \text{ m/s})$ から
$A = 2.0 \text{ m/s}, \ D = 1.0 \text{ m/s}$
$t = 0$ で $r = (B, E) = (0 \text{ m}, 4.0 \text{ m})$ から
$B = 0 \text{ m}, \ E = 4.0 \text{ m}$

第 2 章

演習問題 2A

2A.1 $W + F = 0$.

2A.2 カードが硬貨に作用する摩擦力によって生じる硬貨の加速度は, カードの加速度より小さいので, カードの動きについていけない硬貨はカードの上で滑り, コップの中に落ちる.

2A.3 9000 N.

2A.4 $a = \dfrac{F}{m} = $ 一定 なので, 力の方向の加速度が一定の等加速度運動をする.

2A.5 動摩擦力が働くからである.

2A.6 力 F が働くと, 力の向きに加速度が生じる.
(1) (b) (2) (b) (3) (a) (4) (b)
(5) (c) (6) (c) (7) (i) (8) (j)

2A.7 $F = ma = (20 \text{ kg}) \times (5.0 \text{ m/s}^2) = 100 \text{ N}$

2A.8 トレーラーの運動方程式は $F = ma = (500 \text{ kg}) \times (1 \text{ m/s}^2) = 500 \text{ N}$. 自動車がトレーラーを引く力 $F = 500 \text{ N}$. 作用反作用の法則でトレーラーが自動車を引く力も 500 N.

2A.9 $a = \dfrac{F}{m} = \dfrac{20 \text{ N}}{2 \text{ kg}} = 10 \text{ m/s}^2$,
$v = at = (10 \text{ m/s}^2) \times (3 \text{ s}) = 30 \text{ m/s}$.

2A.10 合力

2A.11 (a) $2F \cos 30° = \sqrt{3} F$
(b) $2F \cos 45° = \sqrt{2} F$ (c) $2F \cos 60° = F$

2A.12 直線になると荷物に重力につり合う力を作用することができない.

2A.13 同じ体重の人が載って, 同じ振幅で振らした場合, B の方の綱の張力には水平方向成分があるため, 張力が大きくなる. したがって, A の方が丈夫.

2A.14 (2 N, 0 N, 8 N)

2A.15 壁が同じ大きさの力を作用するので 1 人で十分である.

2A.16 (1) 半径が最小の 3 → 4 の部分.
(2) 等速直線運動で加速度が 0 である 2 → 3, 4 → 1

の部分

2A.17　角速度 $\omega = 2\pi f = \dfrac{2\pi}{T} = \dfrac{2\pi}{10\text{ s}} = 0.63\text{ s}^{-1}$.
$a = r\omega^2 = (4\text{ m})\times(0.63\text{ s}^{-1})^2 = 1.6\text{ m/s}^2$.
$F = ma = (25\text{ kg})\times(1.6\text{ m/s}^2) = 40\text{ N}$. $W = (25\text{ kg})\times(9.8\text{ m/s}^2) = 245\text{ N}$. $\dfrac{40\text{ N}}{245\text{ N}} = 0.16$, 0.16 倍.

2A.18　乗客に座席が作用する横向きの力．

2A.19　手がバケツに作用する力を F, 重力を W とすると，水の入っているバケツの運動方程式は $ma = F + W$. $\therefore\ F = ma - W$.
重力 W は向きも大きさも一定である．向心加速度 a は大きさは一定だが向きは変化する．したがって，手がバケツに作用する力 F の大きさ F は一定ではない．最大になるのは，ma と $-W$ が同じ向きになる「下」の位置で，このとき $F = m\dfrac{v^2}{r} + mg$.

2A.20　正しくない．等速円運動では，加速度は円の中心を向く．

2A.21　$g = \dfrac{v^2}{r}$. $v = \sqrt{rg} = \sqrt{(1\text{ m})\times(9.8\text{ m/s}^2)} = 3.1\text{ m/s}$

2A.22　作用反作用の法則は 2 つの物体が互いに作用し合う力に関する法則である．力のつり合いは，1 つの物体に作用する複数の力の関係である．

2A.23　はじめ静止状態にあったものが，A の向きに速度をもったのであるから，質量 m の棒に A の向きに加速度 a が生じている．$ma = F_{棒\leftarrow A} - F_{棒\leftarrow B} > 0$ であるから，$F_{棒\leftarrow A} > F_{棒\leftarrow B}$ となる．

2A.24　作用反作用の法則によって，大きさは同じである．

2A.25　動かない．自動車と乗客を 1 つの物体と考えてみよ．

2A.26　オールが水を後ろ向きに押すと，水はオールを前向きに押すので，ボートは前進する．

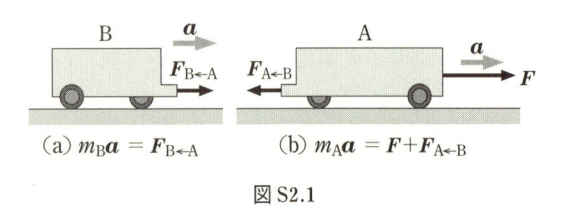

2A.27　$a = \dfrac{F}{m_A + m_B} = \dfrac{40\text{ N}}{16.0\text{ kg}} = 2.5\text{ m/s}^2$
（図 S2.1）

(a) $m_B \boldsymbol{a} = \boldsymbol{F}_{B\leftarrow A}$　　(b) $m_A \boldsymbol{a} = \boldsymbol{F} + \boldsymbol{F}_{A\leftarrow B}$

図 S2.1

2A.28　19.6 N.
2A.29　(1) 0　　(2) mg　　(3) mg
2A.30　②
2A.31　(1) ②　　(2) ③
2A.32　(1) 万有引力は距離 r の 2 乗に反比例するので，$\dfrac{1}{2^2} = \dfrac{1}{4}$ 倍．
（2）作用反作用の法則によって，同じ大きさである．

演習問題 2B

2B.1　上の糸に働く張力を S, おもりの下方への加速度を a, おもりの質量を m, 下の糸を引く力を F とすると，$ma = F + mg - S$. $\therefore\ F - S = m(a-g)$. 下の糸を強く引いて $a > g$ なら $F > S$ なので下の糸が切れ，ゆっくり引いて $a < g$ なら $S > F$ なので上の糸が切れる．

2B.2　ある面に垂直な方向の力のつり合いを考えると，この方向を向いた 1 つの力と，この方向を向いていない 3 つの力のこの方向の成分がつり合う事実を使えば導ける．

2B.3　$|\boldsymbol{F}_1 + \boldsymbol{F}_2|$ が最小になるのは，$\boldsymbol{F}_1$ と $\boldsymbol{F}_2$ が反対向きのときなので，$|\boldsymbol{F}_1 + \boldsymbol{F}_2| \geq |F_1 - F_2|$. $F_1 - F_2 \neq 0$ であれば，$|F_1 - F_2| > 0$ となり，$|\boldsymbol{F}_1 + \boldsymbol{F}_2| > 0$ である．したがって $|\boldsymbol{F}_1 + \boldsymbol{F}_2| = 0$ となることはあり得ない．

2B.4　鉛直方向のつり合いの条件 $S\cos\theta = mg$ と半径方向の運動方程式から（図 S2.2），
$m\omega^2 L\sin\theta = S\sin\theta = \dfrac{mg\sin\theta}{\cos\theta}$,
$\therefore\ \omega = \sqrt{\dfrac{g}{L\cos\theta}} = \sqrt{\dfrac{9.8\text{ m/s}^2}{(5\text{ m})\times 0.5}} = 2.0\text{ s}^{-1}$.
$T = \dfrac{2\pi}{\omega} = 3.2\text{ s}$

図 S2.2

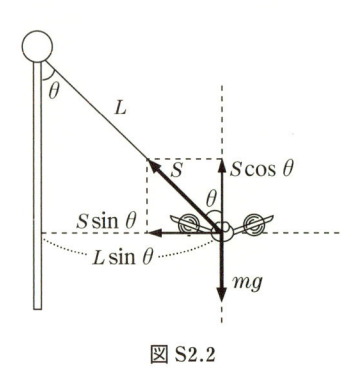

2B.5　$m_A \boldsymbol{a}_A = \boldsymbol{F}_{A\leftarrow B} = -\boldsymbol{F}_{B\leftarrow A} = -m_B \boldsymbol{a}_B$ なので，$\dfrac{\boldsymbol{a}_A}{\boldsymbol{a}_B} = -\dfrac{m_B}{m_A}$. したがって，反対向きに動きだし，加速度は質量（体重）に反比例する．最初は静止していたので，速度も質量に反比例する．

2B.6 ロープの張力(乗客がロープを引く力)を T, 乗客と台に作用する重力を W とすれば, 乗客と台に作用する合力は上向きを正として $2T-W$ である. 現在, 静止しているとすれば, $2T-W>0$ で上昇, $2T-W<0$ で下降する. したがって, 乗客がロープを引く力の2倍が, 重力より大きければ上昇, 小さければ下降する(図 S2.3).

図 S2.3

2B.7 2つのおもりの運動方程式 $m_A a = m_A g - S$, $m_B a = S - m_B g$ から,

$$(m_A + m_B)a = (m_A - m_B)g \quad \therefore \quad a = \frac{m_A - m_B}{m_A + m_B}g$$

これをBの運動方程式に代入すると,

$$S = m_B(a+g) = \frac{2m_A m_B}{m_A + m_B}g$$

演習問題 2C

2C.1 $m = 1$ kg の物体に $F = 1$ kgw の力が作用すれば, 加速度 $a = 9.8$ m/s^2 が生じるので, $ma = $「比例定数」$\times F$ にこれらの数値を代入すれば, 比例定数 $= (1$ kg$) \times (9.8$ m/s$^2)/(1$ kgw$) = 9.8$ N/kgw

2C.2 (1) 斜面に沿って上向きに動き出す直前のAが受ける力のつり合いの条件は(図 S2.4),

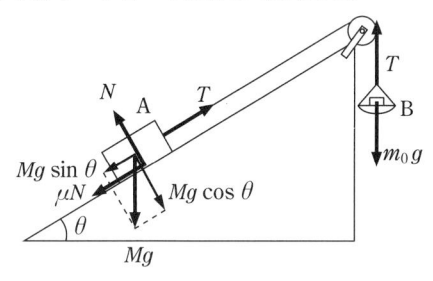

図 S2.4

斜面に対して垂直方向:$N - Mg\cos\theta = 0$
斜面方向:$T - Mg\sin\theta - \mu N = 0$.
μN はAの受ける最大摩擦である. また $T = m_0 g$ である. $\therefore \ m_0 = (\sin\theta + \mu\cos\theta)M$

(2) 糸は伸び縮みしないので, A, Bの加速度の大きさは等しい. a とおくと(図 S 2.5),

Aの運動方程式は, 斜面上向きを正の向きとして,

$$Ma = T - Mg\sin\theta - \mu' Mg\cos\theta$$

Bの運動方程式は, 鉛直方向下向きを正として,

$$ma = mg - T$$

$$\therefore \quad a = \frac{(m - M\sin\theta - \mu' M\cos\theta)g}{M + m}$$

この式をBの運動方程式に代入すると,

$$T = \frac{Mm(1 + \sin\theta + \mu'\cos\theta)g}{M + m}$$

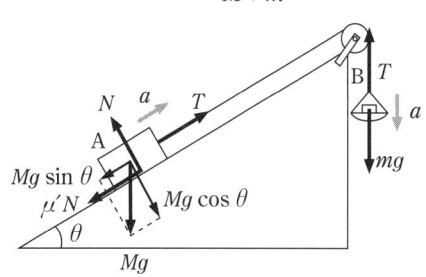

図 S2.5

(3) 物体Aは斜面に沿って下るので, 摩擦力は斜面に沿って上向きに働く. 加速度の正の向きを(2)の場合と同じにすると, (2)の解で μ' を $-\mu'$ で置き換えると, 解が得られる.

$$a' = \frac{(m - M\sin\theta + \mu' M\cos\theta)g}{M + m},$$

$$T' = \frac{Mm(1 + \sin\theta - \mu'\cos\theta)g}{M + m}$$

斜面を滑り降りるので, $a' < 0$ であるから,

$$\frac{(m - M\sin\theta + \mu' M\cos\theta)g}{M + m} < 0$$

したがって, $m < M\sin\theta - \mu' M\cos\theta = m_1$

$$\therefore \quad m_1 = M(\sin\theta - \mu'\cos\theta)$$

2C.3 (1) 鉛直方向のつり合い条件 $S\cos\theta = mg$ を使うと, 半径方向の運動方程式は $\frac{mv^2}{L\sin\theta} = S\sin\theta$

$$= \frac{mg\sin\theta}{\cos\theta}, \quad \therefore \quad v = \sin\theta\sqrt{\frac{gL}{\cos\theta}}$$

(2) $T = \frac{2\pi L\sin\theta}{v} = 2\pi\sqrt{\frac{L\cos\theta}{g}}$

(3) $\cos\theta = \frac{mg}{S} = \frac{0.5 \text{ kgw}}{1.0 \text{ kgw}} = \frac{1}{2}$. $\theta = 60°$

(4) $T = 2\pi\sqrt{\frac{L\cos\theta}{g}} = 2\pi\sqrt{\frac{(1 \text{ m})\times\sqrt{3}/2}{9.8 \text{ m/s}^2}}$
$= 1.9$ s

第 3 章

演習問題 3A

3A.1 (1) 図 S3.1 参照.

(2) $\frac{12.5 \text{ m/s}}{16 \text{ s}} = 0.78$ m/s^2, 0, -0.78 m/s^2

(3) v-t 図の面積を計算すると, $\frac{1}{2}\times(12.5$ m/s$)\times$
$(16$ s$) + (12.5$ m/s$)\times(6$ s$) + \frac{1}{2}\times(12.5$ m/s$)\times(16$ s$)$
$= 275$ m

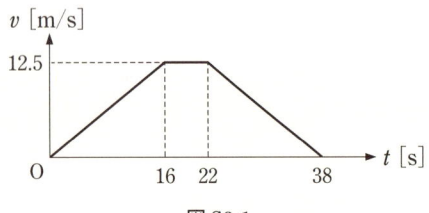

図S3.1

3A.2 a と v と x を含む③式($2ax = v^2$ から導かれる $x = \dfrac{v^2}{2a}$ を使え).

3A.3 $v = 150$ km/h $= 150 \times \dfrac{1}{3.6}$ m/s $= 42$ m/s.
$2ax = v^2$ から
$a = \dfrac{v^2}{2x} = \dfrac{(42 \text{ m/s})^2}{2 \times (1.5 \text{ m})} = 5.9 \times 10^2 \text{ m/s}^2$.

3A.4 v_0 と x と b を含む②式($2bx = v_0^2$ から導かれる)$-b = -\dfrac{v_0^2}{2x} = -\dfrac{(20 \text{ m/s})^2}{2 \times (100 \text{ m})} = -2 \text{ m/s}^2$).

3A.5 減速の加速度の大きさ b は $2bx = v_0^2$ から $b = \dfrac{v_0^2}{2x} = \dfrac{(40 \text{ m/s})^2}{2 \times (0.2 \text{ m})} = 4000 \text{ m/s}^2$. 力の大きさは $F = mb = (0.15 \text{ kg}) \times (4000 \text{ m/s}^2) = 600$ N

3A.6 加速度は $\dfrac{0 - (80 \text{ m/s})}{50 \text{ s}} = -1.6 \text{ m/s}^2$.
$2x = v_0 t_1$ から $x = \dfrac{1}{2} v_0 t_1 = \dfrac{1}{2} (80 \text{ m/s}) \times (50 \text{ s}) = 2000$ m.

3A.7 $2bx = v_0^2$ からタイヤの跡の長さ x は自動車の速さ v_0 の2乗に比例する.

3A.8 加速度の大きさ b は $2bx = v_0^2$ から $b = \dfrac{v_0^2}{2x} = \dfrac{(40 \text{ m/s})^2}{2 \times (40 \text{ m})} = 20 \text{ m/s}^2$. 動摩擦力の大きさは $F = mb = (2 \times 10^3 \text{ kg}) \times (20 \text{ m/s}^2) = 4 \times 10^4$ N.
$\mu' = \dfrac{mb}{mg} = \dfrac{b}{g} = \dfrac{20 \text{ m/s}^2}{9.8 \text{ m/s}^2} = 2.0$.

3A.9 $t = \sqrt{\dfrac{2x}{g}} = \sqrt{\dfrac{2 \times (78.4 \text{ m})}{9.8 \text{ m/s}^2}} = \sqrt{16 \text{ s}^2} = 4.0$ s. $v = gt = (9.8 \text{ m/s}^2) \times (4 \text{ s}) = 39$ m/s

3A.10 (1) $3^2 = 9$ 倍   (2) $\sqrt{4} = 2$ 倍.

3A.11 $\bar{v} = \dfrac{x}{t} = \dfrac{1}{2} gt$.

3A.12 $0 < t < t_1$ では $v > 0$ なので上向きの運動で速さは減少していく. $t = t_1$ では $v = 0$ なので速さは 0. $t_1 < t$ では $v < 0$ なので下向きの運動で速さは増加していく.

3A.13 (1) 0   (2) $-g = -9.8 \text{ m/s}^2$.

3A.14 $t = 2\sqrt{\dfrac{2x}{g}} = 2\sqrt{\dfrac{2 \times (1 \text{ m})}{9.8 \text{ m/s}^2}} = 0.90$ s.

3A.15 ③ ($v = v_0 - gt$).

3A.16 水平方向の運動は速さ 1.35 m/s の等速運動であり, 鉛直方向の運動は自由落下と同じ運動, つまり重力加速度 g での等加速度運動である.

3A.17 (1) $x = v_0 t$, $y = \dfrac{1}{2} gt^2$ ∴ $y = \dfrac{gx^2}{2v_0^2}$

(2) $H = \dfrac{1}{2} gt_1^2$ ∴ $t_1 = \sqrt{\dfrac{2H}{g}}$ $v_{1x} = v_0$,
$v_{1y} = gt_1 = \sqrt{2gH}$, $v_1 = \sqrt{v_{1x}^2 + v_{1y}^2}$
$= \sqrt{v_0^2 + 2gH}$ $x_1 = v_0 t_1 = v_0 \sqrt{\dfrac{2H}{g}}$

(3) $t_1 = \sqrt{\dfrac{2H}{g}} = \sqrt{\dfrac{2 \times (4.9 \text{ m})}{9.8 \text{ m/s}^2}} = 1.0$ s,
$x_1 = v_0 \sqrt{\dfrac{2H}{g}} = (5 \text{ m/s}) \times (1 \text{ s}) = 5$ m

3A.18 最高点の高さが同じなので初速度の鉛直方向成分は同じ, この場合, 初速度の水平方向成分は到達距離に比例するので, 初速度の大きさが大きいのは到達距離の長い方(b).

3A.19 到達距離が同じ軌道では投射角 θ が 45° の場合が初速度の大きさが最小である. したがって, 初速度の大きさが大きいのは, 投射角 θ が 45° から大きく離れている方(b).

3A.20 (1) $v_t = \dfrac{mg}{b} = \dfrac{(4\pi/3)\rho r^3 g}{6\pi r \eta} = \dfrac{2r^2 \rho g}{9\eta}$

(2) $v_t = \dfrac{2r^2 \rho g}{9\eta}$
$= \dfrac{2 \times (10^{-3} \text{ cm})^2 \times (1 \text{ g/cm}^3) \times (980 \text{ cm/s}^2)}{9 \times (2 \times 10^{-4} \text{ g/(cm·s)})}$
$= 1$ cm/s $= 0.01$ m/s

(3) 求める時間 $t = \dfrac{m}{b} = \dfrac{v_t}{g} = \dfrac{0.01 \text{ m/s}}{10 \text{ m/s}^2}$
$= 1 \times 10^{-3}$ s

(4) $v = \dfrac{mg}{b}(1 - e^{-bt/m}) ≒ \dfrac{mg}{b}\left[1 - \left(1 - \dfrac{bt}{m}\right)\right]$
$= gt$

3A.21 $mg = \dfrac{4\pi}{3} r^3 \rho_1 g = \dfrac{1}{2} \times 0.5 \rho_2 (\pi r^2) v_t^2$

∴ $v_t^2 = \dfrac{4\pi r^3 \rho_1 g}{3 \times 0.25 \rho_2 \pi r^2} = \dfrac{16 \rho_1}{3 \rho_2} rg$

$= \dfrac{16 \times 8 \times 10^2 \text{ kg/m}^3}{3 \times (1.2 \text{ kg/m}^3)} \times (0.03 \text{ m}) \times (9.8 \text{ m/s}^2)$
$= 1.05 \times 10^3 \text{ (m/s)}^2$. $v_t = 32$ m/s

3A.22 静止摩擦力は働いていない(本に作用する力の水平方向成分は 0).

3A.23 物体には重力 W, 垂直抗力 N, 静止摩擦力 F が作用する. 重力 W は斜面に垂直な成分 $W \cos \theta$ と斜面に平行な成分 $W \sin \theta$ に分解される. F は最大摩擦力 $F = \mu N$ なので, つり合いの式は $N = W \cos \theta$,

$W \sin \theta = F = \mu N$

$\therefore \mu = \dfrac{F}{N} = \dfrac{\sin \theta}{\cos \theta} = \tan \theta$

3A.24 ①$(F_{B \leftarrow A} = -F_{A \leftarrow B})$, ②$(F_{C \leftarrow B} = -F_{B \leftarrow C})$, ⑤(物体Bの運動方程式 $m_B a_B = F_{B \leftarrow A} + F_{B \leftarrow C} + F_{B \leftarrow 床} = F_{B \leftarrow A} - F_{C \leftarrow B} + F_{B \leftarrow 床}$

$\therefore F_{B \leftarrow A} - F_{C \leftarrow B} = m_B a_B - F_{B \leftarrow 床}$. 右辺は右向きの量であることを使って考えよ.)

3A.25 物体には水平な力 F の他に, 鉛直下向きの重力 mg と斜面に垂直な垂直抗力 N が作用する. 鉛直方向の力のつり合いから, $N \cos 30° = mg$, 水平方向のつり合いから $F = N \sin 30° = mg \dfrac{\sin 30°}{\cos 30°}$

$= mg \tan 30° = (9.8\,\text{N}) \times \dfrac{1}{\sqrt{3}} = 5.7\,\text{N}$

3A.26 押す力と摩擦力はつり合っているので, 摩擦力の大きさは F. 一般に $F < \mu mg$.

3A.27 衝突直前 $mv_1 = (1000\,\text{kg}) \times (-20\,\text{m/s}) = -2.0 \times 10^4\,\text{kg·m/s}$, 衝突直後 $mv_2 = 0$

$mv_2 - mv_1 = [0 - (-2.0 \times 10^4)]\,\text{kg·m/s} = 2.0 \times 10^4\,\text{kg·m/s}$

$\therefore \overline{F} = \dfrac{m_2 v_2 - m_1 v_1}{t} = \dfrac{2.0 \times 10^4\,\text{kg·m/s}}{0.10\,\text{s}}$

$= 2.0 \times 10^5\,\text{N}$

3A.28 運動量の変化は $(0.15\,\text{kg}) \times (40\,\text{m/s}) - (0.15\,\text{kg}) \times (-40\,\text{m/s}) = 12\,\text{kg·m/s}$.

$\overline{F} = \dfrac{12\,\text{kg·m/s}}{0.10\,\text{s}} = 120\,\text{N}$

3A.29 力積 $\boldsymbol{J} = m\boldsymbol{v}' - m\boldsymbol{v}$ なので, 力積の方向は $\boldsymbol{v}' - \boldsymbol{v}$ の方向(図S3.2参照).

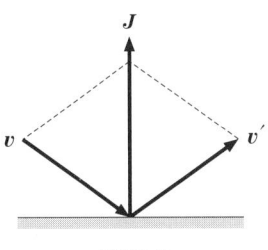

図S3.2

3A.30 板に単位時間あたりにあたる水の質量は ρAv である. 衝突後に水はあまり跳ね返らないとすると, 運動量変化は $(\rho Av)v$ なので, 力の大きさは ρAv^2.

3A.31 投下された包みの水平方向の速度は初速度(=飛行機の速度)に等しいので, 水平に等速直線運動している飛行機は包みの真上にある. したがって, 飛行機から見て包みは真下にある.

演習問題 3B

3B.1 $ma = mg - S$, $g - a = \dfrac{S}{m} < \dfrac{200\,\text{N}}{50\,\text{kg}} = 4.0\,\text{m/s}^2$ から $a > 9.8\,\text{m/s}^2 - 4.0\,\text{m/s}^2 = 5.8\,\text{m/s}^2$

$\therefore a = 5.8\,\text{m/s}^2$. 着地時に危険な加速度である.

$v = \sqrt{2ax} > \sqrt{2 \times (5.8\,\text{m/s}^2) \times (30\,\text{m})} = 19\,\text{m/s}$

3B.2 $x = (20\,\text{m/s})t - (5\,\text{m/s}^2)t^2 = 15\,\text{m}$ から

$t^2 - (4\,\text{s})t + 3\,\text{s}^2 = (t - 1\,\text{s})(t - 3\,\text{s}) = 0$.

$\therefore t = 1\,\text{s}, 3\,\text{s}$.

$v = (20\,\text{m/s}) - (10\,\text{m/s}^2)t$ から, $t = 1\,\text{s}$ のとき $v = 10\,\text{m/s}$, $t = 3\,\text{s}$ のとき $v = -10\,\text{m/s}$.

3B.3 時間と荷物の高度の関係 $x = x_0 + v_0 t - \dfrac{1}{2}gt^2$ から地面に到達する時間 t は

$-100\,\text{m} = (10\,\text{m/s})t - \dfrac{1}{2}(9.8\,\text{m/s}^2)t^2$, $4.9t^2 - (10\,\text{s})t - 100\,\text{s}^2 = 0$ の $t > 0$ の解である.

$t = \dfrac{5 + \sqrt{25 + 490}}{4.9}\,\text{s} = 5.7\,\text{s}$.

$v = v_0 - gt = -45\,\text{m/s}$ 速さ 45 m/s

3B.4 (1) 初速度 $\boldsymbol{v}_0$ の鉛直方向成分 $v_{0y} = v_0 \sin 30° = (20\,\text{m/s}) \times 0.5 = 10\,\text{m/s}$

最高点の到達時刻 $t_1 = \dfrac{v_{0y}}{g} = \dfrac{10\,\text{m/s}}{10\,\text{m/s}^2} = 1\,\text{s}$

1秒後

(2) $h = \dfrac{v_{0y}^2}{2g} = \dfrac{(10\,\text{m/s})^2}{2 \times (10\,\text{m/s}^2)} = 5\,\text{m}$

(3) 最高点へ到達後の3秒間の落下距離は $\dfrac{1}{2}(10\,\text{m/s}^2) \times (3\,\text{s})^2 = 45\,\text{m}$ なので, 高さは $(45\,\text{m}) - (5\,\text{m}) = 40\,\text{m}$

3B.5 向心力 $m(2\pi f)^2 r$ が最大摩擦力 $\mu N = \mu mg$ の場合なので,

$f = \dfrac{1}{2\pi}\sqrt{\dfrac{\mu g}{r}} = \dfrac{1}{2\pi}\sqrt{\dfrac{0.2 \times (9.8\,\text{m/s}^2)}{0.5\,\text{m}}} = 0.32\,\text{s}^{-1}$

3B.6 (1) 力学的エネルギー保存則

$\dfrac{1}{2}mv_A^2 = \dfrac{1}{2}mv_0^2 - mg \cdot \dfrac{h}{2}$ から $v_A^2 = v_0^2 - gh$,

$\dfrac{1}{2}mv_B^2 = \dfrac{1}{2}mv_0^2 + mgh$ から $v_B^2 = v_0^2 + 2gh$.

題意から $v_B = 2v_A$ なので, $v_B^2 = v_0^2 + 2gh = 4v_0^2 - 4gh$. $\therefore v_0^2 = 2gh$ なので, $v_0 = \sqrt{2gh}$

(2) 小球Aを投げた地点から測った最高点の高さを H とすれば, $\dfrac{1}{2}mv_0^2 = mgH$

$\therefore H = \dfrac{v_0^2}{2g} = \dfrac{2gh}{2g} = h$. 地上からの高さは $h + h = 2h$

(3) 等加速度運動の変位と時間の関係式は，小球 A について $-h = v_0 t_A - \frac{1}{2} g t_A^2$ なので

$\frac{1}{2} g t_A^2 - t_A \sqrt{2gh} - h = 0$ である．

$\rightarrow t_A = \frac{\sqrt{2gh} \pm \sqrt{2gh + 2gh}}{g}$

∴ $t_A = (2+\sqrt{2})\sqrt{\frac{h}{g}}$

小球 B については $-h = -v_0 t_B - \frac{1}{2} g t_B^2$ なので

$\frac{1}{2} g t_B^2 + t_B \sqrt{2gh} - h = 0$

$\rightarrow t_B = \frac{-\sqrt{2gh} \pm \sqrt{2gh + 2gh}}{g}$

∴ $t_B = (2-\sqrt{2})\sqrt{\frac{h}{g}}$

以上より，$\frac{t_A}{t_B} = \frac{2+\sqrt{2}}{2-\sqrt{2}} = 3+2\sqrt{2}$

(4) 力学的エネルギー保存則によって，$v_A' = v_B$

∴ $\frac{v_A'}{v_B} = 1$

演習問題 3C

3C.1 $\frac{dCe^{-\beta t}}{dt} = -\beta C e^{-\beta t}$ なので，$v_y = C_y e^{-\beta t}$ は (2) 式の一般解．(1) 式の一般解は，1 つの解である $\frac{g}{\beta}$ と非斉次式の一般解 $C_x e^{-\beta t}$ の和 $v_x = C_x e^{-\beta t} + \frac{g}{\beta}$ である．任意定数の C_x と C_y は $t=0$ での初期条件から，$C_x = v_{0x} - \frac{g}{\beta}$，$C_y = v_{0y}$ である．

したがって，求める解は

$v_x = \left(v_{0x} - \frac{g}{\beta}\right) e^{-\beta t} + \frac{g}{\beta}, \quad v_y = v_{0y} e^{-\beta t}$

この式を積分し，$t=0$ での初期条件を使うと，

$x = \frac{1}{\beta}\left(v_{0x} - \frac{g}{\beta}\right)(1-e^{-\beta t}) + \frac{g}{\beta} t,$

$y = \frac{v_{0y}}{\beta}(1-e^{-\beta t})$

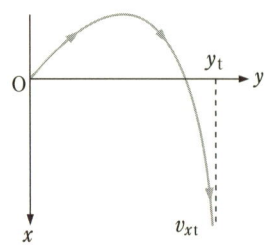

図 S3.3

$t \rightarrow \infty$ で $e^{-\beta t} \rightarrow 0$ なので，$v_x \rightarrow v_{xt} = \frac{g}{\beta}$，

$v_y \rightarrow 0, y \rightarrow y_t = \frac{v_{0y}}{\beta}$ （図 S3.3）．

3C.2 $\frac{d^2}{dt^2}(x_1(t)+x_2(t)) + a\frac{d}{dt}(x_1(t)+x_2(t)) + b(x_1(t)+x_2(t))$

$= \left(\frac{d^2 x_1}{dt^2} + a\frac{dx_1}{dt} + bx_1\right) + \left(\frac{d^2 x_2}{dt^2} + a\frac{dx_2}{dt} + bx_2\right)$

$= f(t)$

3C.3 (1) (3) 式で $t=0$ とおいて得られる $C = v_0 - \frac{mg}{b}$ を (1) 式に代入せよ．

(2) 速さは徐々に減少して，終端速度になる．

(3) 上向き運動の速さは徐々に減少し，速さが 0 になり，下向き運動をはじめ，速さは徐々に増加して，終端速度になる．

第 4 章

演習問題 4A

4A.1 (1) $x=0$ なので $a=0$　(2) $a=0$ なので $x=0$　(3) 振動数 $f = \frac{1}{2\pi}\sqrt{\frac{k}{m}}$ の単振動

4A.2 (1) $ma = -kx$ なので，変位の大きさ $|x|$ が最大の点 A　(2) 合力 $F = -kx$ の大きさが最大なのは $|x|$ が最大の点 A　(3) 力学的エネルギーは保存するので，3 点で同じ値．

4A.3 ① ×（振動を続ける）　② ×（振幅は x_0）
③ ×（自然な長さでは速さは 0）　④ ○

4A.4 ①，④

4A.5 変位は時間とともに減少していくので，速度は負．加速度は変位と逆符号なので負．

4A.6 $T = 2\pi\sqrt{\frac{m}{k}} = 2\pi\sqrt{\frac{1.0\,\text{kg}}{100\,\text{kg/s}^2}} = 0.63\,\text{s}$

4A.7 $T = 2\pi\sqrt{\frac{m}{k}}$ から

$m = \frac{kT^2}{4\pi^2} = \frac{(6\,\text{kg/s}^2) \times (3\,\text{s})^2}{4\pi^2} = 1.37\,\text{kg}$

4A.8 $T = 2\pi\sqrt{\frac{L}{g}}$ なので，

$L = \frac{gT^2}{4\pi^2} = \frac{(9.8\,\text{m/s}^2) \times (2\,\text{s})^2}{4\pi^2} = 1.0\,\text{m}$

4A.9 図 S4.1 を参照．加速度の軌道の接線方向の成分は $-g\sin\theta$，向心加速度の大きさは $\frac{v^2}{L}$ である．

図 S4.1

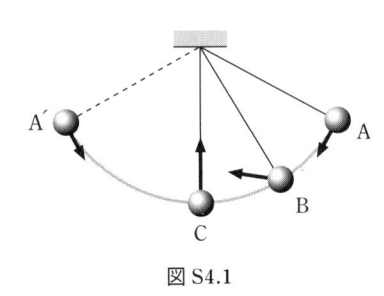

4A.10 質量が 2 倍になっても L が変わらないので，周期 $T = 2\pi\sqrt{\dfrac{L}{g}}$ は変わらない．

4A.11 (1) $\dfrac{1}{2}kx^2 = \dfrac{1}{2} \times (100\,\text{N/m}) \times (0.2\,\text{m})^2$
$= 2\,\text{N·m} = 2\,\text{J}$

(2) $\dfrac{1}{2}mv^2 = 2\,\text{J}$ なので，
$v = \sqrt{\dfrac{2\times(2\,\text{J})}{m}} = \sqrt{\dfrac{2\times(2\,\text{J})}{4\,\text{kg}}} = 1\,\text{m/s}$

演習問題 4B

4B.1 $m\dfrac{d^2x}{dt^2} = -2S\sin\theta \fallingdotseq -2S\dfrac{2x}{L} = -\dfrac{4S}{L}x$.
$T = 2\pi\sqrt{\dfrac{mL}{4S}} = \pi\sqrt{\dfrac{mL}{S}}$

4B.2 $ma = -kx$, $f = \dfrac{1}{2\pi}\sqrt{\dfrac{k}{m}}$.
最大加速度 $4g = \dfrac{kX}{m} = (2\pi f)^2 X$
∴ $X = \dfrac{4g}{(2\pi f)^2} = \dfrac{4\times(9.8\,\text{m/s}^2)}{(2\pi\times 4\,\text{s}^{-1})^2} = 0.06\,\text{m} = 6\,\text{cm}$

4B.3 $T = 2\pi\sqrt{\dfrac{L}{g}}$ なので，
$\dfrac{\Delta T}{T} = \dfrac{2\pi\sqrt{L/(g+\Delta g)} - 2\pi\sqrt{L/g}}{2\pi\sqrt{L/g}}$
$= \sqrt{\dfrac{g}{g+\Delta g}} - 1 = \left(1+\dfrac{\Delta g}{g}\right)^{-1/2} - 1$
$\fallingdotseq \left(1 - \dfrac{\Delta g}{2g}\right) - 1 = -\dfrac{\Delta g}{2g} = 0.005$ 0.5% 短くなる．
$|x| \ll 1$ のとき，$(1+x)^n \fallingdotseq 1+nx$ を使った．

4B.4 (1) ばねの上端の加速度は最初は上向きだが，平衡点を過ぎると下向きになり大きさは増していく．ばねの上端の加速度が下向きで大きさが重力加速度 g より大きくなるとおもりは離れるので，
$a = g = \dfrac{kx}{m}$ ∴ $x = \dfrac{mg}{k}$ のとき離れる．

(2) $x = \dfrac{mg}{k} = \dfrac{(0.050\,\text{kg})\times(9.8\,\text{m/s}^2)}{100\,\text{N/m}}$
$= 0.0049\,\text{m} = 0.49\,\text{cm}$. 0.5 cm 伸びた状態．

(3) ばねの位置エネルギー $\dfrac{1}{2}kx^2$ の変化
$\dfrac{1}{2}\times(100\,\text{N/m})\times[(1\,\text{cm})^2 - (0.5\,\text{cm})^2] = 3.8\times 10^{-3}\,\text{J}$
がおもりの運動エネルギー $\dfrac{1}{2}mv^2$ になったので，
$v = \sqrt{\dfrac{2\times 3.8\times 10^{-3}\,\text{J}}{0.050\,\text{kg}}} = 0.39\,\text{m/s}$

4B.5 振幅が大きくなると復元力が弱くなるので，微小振動の場合の周期 $2\pi\sqrt{\dfrac{L}{g}}$ より長くなる．

4B.6 a の方が b よりもばね定数 k が大きいので，a のばねが強い．

4B.7 (1) つり合いの位置では $mg - kx = 0$ なので，
$x = \dfrac{mg}{k}$

(2) つり合いの位置 $x = \dfrac{mg}{k}$ からの変位

(3) $m\dfrac{d^2X}{dt^2} = m\dfrac{d^2x}{dt^2} - m\dfrac{d^2}{dt^2}\left(\dfrac{mg}{k}\right) = m\dfrac{d^2x}{dt^2}$
$= mg - kx = -kX$. $m\dfrac{d^2X}{dt^2} = -kX$ の一般解は
$X = A\cos(\omega t + \alpha)$ なので，
$x = X + \dfrac{mg}{k} = \dfrac{mg}{k} + A\cos(\omega t + \alpha)$

4B.8 $2\sin^2\omega t = 1 - \cos 2\omega t$,
$2\cos^2\omega t = 1 + \cos 2\omega t$ なので，1 周期の時間平均
$\langle \sin^2\omega t \rangle = \dfrac{1}{2}$, $\langle \cos^2\omega t \rangle = \dfrac{1}{2}$.
速度は $v = -\omega A\sin\omega t$ なので，
$\langle K \rangle = \langle \dfrac{1}{2}m\omega^2 A^2 \sin^2\omega t \rangle = \dfrac{1}{4}m\omega^2 A^2$,
$\langle U \rangle = \langle \dfrac{1}{2}m\omega^2 A^2 \cos^2\omega t \rangle = \dfrac{1}{4}m\omega^2 A^2$

演習問題 4C

4C.1 $x_0 = \sqrt{x_0^2 + \left(\dfrac{v_0}{\omega}\right)^2}\sin\alpha$,
$\dfrac{v_0}{\omega} = \sqrt{x_0^2 + \left(\dfrac{v_0}{\omega}\right)^2}\cos\alpha$ とおくと，
$x = x_0\cos\omega t + \dfrac{v_0}{\omega}\sin\omega t$
$= \sqrt{x_0^2 + \left(\dfrac{v_0}{\omega}\right)^2}\sin(\omega t + \alpha)$ と表される．

4C.2 運動方程式を $t = 0$ から $t = t$ まで積分すると，
$\displaystyle\int_0^t \dfrac{d^2 x}{dt^2}\,dt = \left[\dfrac{dx}{dt}\right]_0^t = \dfrac{dx}{dt} - v_0$

$$= \int_0^t \frac{qE_0}{m} \sin \omega t \, \mathrm{d}t = \left[-\frac{qE_0}{m\omega} \cos \omega t \right]_0^t$$

$$= -\frac{qE_0}{m\omega} \cos \omega t + \frac{qE_0}{m\omega}$$

$$\therefore \frac{\mathrm{d}x}{\mathrm{d}t} = -\frac{qE_0}{m\omega} \cos \omega t + \frac{qE_0}{m\omega} + v_0,$$

この速度の式を $t=0$ から $t=t$ まで積分すると

$$\int_0^t \frac{\mathrm{d}x}{\mathrm{d}t} \mathrm{d}t = [x]_0^t = x - x_0$$

$$= \int_0^t \left(-\frac{qE_0}{m\omega} \cos \omega t + \frac{qE_0}{m\omega} + v_0 \right) \mathrm{d}t$$

$$= \left[-\frac{qE_0}{m\omega^2} \sin \omega t + \frac{qE_0}{m\omega} t + v_0 t \right]_0^t$$

$$\therefore x = -\frac{qE_0}{m\omega^2} \sin \omega t + \frac{qE_0}{m\omega} t + v_0 t + x_0$$

4C.3 おもりの速さは $v = \dfrac{\mathrm{d}(L\theta)}{\mathrm{d}t} = L \dfrac{\mathrm{d}\theta}{\mathrm{d}t}$, 高さ $h = L(1-\cos\theta)$ なので, 力学的エネルギー E は

$$E = \frac{1}{2} mv^2 + mgh = \frac{1}{2} m \left(L \frac{\mathrm{d}\theta}{\mathrm{d}t} \right)^2 + mgL(1-\cos\theta)$$

と表される. E は時間が経過しても変化しないので

$$\frac{\mathrm{d}E}{\mathrm{d}t} = mL^2 \frac{\mathrm{d}\theta}{\mathrm{d}t} \frac{\mathrm{d}^2\theta}{\mathrm{d}t^2} + mgL \sin\theta \frac{\mathrm{d}\theta}{\mathrm{d}t} = 0$$

$$\therefore \frac{\mathrm{d}^2\theta}{\mathrm{d}t^2} = -\frac{g}{L} \sin\theta$$

微小振動 ($\theta \ll 1$) の場合は, $\cos\theta \fallingdotseq 1 - \dfrac{1}{2}\theta^2$ なので,

$$E \fallingdotseq \frac{1}{2} mL^2 \left(\frac{\mathrm{d}\theta}{\mathrm{d}t} \right)^2 + \frac{1}{2} mgL\theta^2$$

と表される. これから $\dfrac{\mathrm{d}^2\theta}{\mathrm{d}t^2} \fallingdotseq -\dfrac{g}{L}\theta$ が導かれる.

4C.4 $v = L\dfrac{\mathrm{d}\theta}{\mathrm{d}t}$, $h = L(1-\cos\theta)$ なので, 力学的エネルギー $\dfrac{1}{2}mv^2 + mgh$ の保存則は

$$\frac{1}{2} m \left(L \frac{\mathrm{d}\theta}{\mathrm{d}t} \right)^2 + mgL(1-\cos\theta)$$
$$= mgL(1-\cos\theta_{\max})$$

と表せる. この式から導かれる

$$\mathrm{d}t = \sqrt{\frac{L}{g}} \frac{\mathrm{d}\theta}{\sqrt{2(\cos\theta - \cos\theta_{\max})}}$$

を $\dfrac{1}{4}$ 周期だけ積分すると, この間に θ は 0 から $\theta_{\max}$ まで変化するので, (1)式が得られる.

第5章

演習問題 5A

5A.1 力の方向と木片の移動方向が垂直なので, 仕事は 0 J.

5A.2 2 kg の物体を持って, 2 階から 1 階まで行くときの仕事と同じ. $h_2 - h_1 = 3$ m なので, $W_{2 \to 1} = -mg(h_2 - h_1) = (-2 \text{ kg}) \times (9.8 \text{ m/s}^2) \times (3 \text{ m}) = -58.8$ J.

5A.3 $P = mgv$. $v = \dfrac{P}{mg} = \dfrac{1000 \text{ W}}{(10 \text{ kg}) \times (9.8 \text{ m/s}^2)} = 10$ m/s.

5A.4 (1) $W = mgh = (2 \text{ kg}) \times (9.8 \text{ m/s}^2) \times (1 \text{ m}) = 19.6$ J. (2) $W = -mgh = -19.6$ J.
(3) 0 J (4) $P = mgv = (2 \text{ kg}) \times (9.8 \text{ m/s}^2) \times (3 \text{ m/s}) = 58.8$ W.

5A.5 $P_\mathrm{A} = \dfrac{mgh}{t}$, $P_\mathrm{B} = \dfrac{(2m) \times g \times (2h)}{t} = 4P_\mathrm{A}$, $P_\mathrm{C} = \dfrac{mg \times (2h)}{2t} = P_\mathrm{A}$.

5A.6 1 馬力 $= \dfrac{(75 \text{ kg}) \times (9.80665 \text{ m/s}^2) \times (1 \text{ m})}{1 \text{ s}} = 735.5$ W.

5A.7 仕事と運動エネルギーの関係によって, 摩擦力のした仕事は $-\dfrac{1}{2}mv^2$

5A.8 mgh の単位は $(\text{kg}) \times (\text{m/s}^2) \times (\text{m}) = \text{kg} \cdot \text{m}^2/\text{s}^2$. kx^2 の単位は $(\text{N/m}) \times (\text{m}^2) = \text{N} \cdot \text{m} = \text{kg} \cdot \text{m}^2/\text{s}^2$. mv^2 の単位は $(\text{kg}) \times (\text{m/s})^2 = \text{kg} \cdot \text{m}^2/\text{s}^2$.

5A.9 ② ($v = \sqrt{2gh} = \sqrt{2 \times (9.8 \text{ m/s}^2) \times (1 \text{ m})} = 4.4$ m/s)

5A.10 $v_0^2 > 2gH$. $\therefore v_0 > \sqrt{2 \times (9.8 \text{ m/s}^2) \times (60 \text{ m})} = 34$ m/s

5A.11 $\sqrt{2gh} = \sqrt{2 \times (9.8 \text{ m/s}^2) \times (1 \text{ m})} = 4.4$ m/s > 1 m/s なので到達できない.

5A.12 斜面の下での運動エネルギーは 4 倍になる. 力学的エネルギー保存則から, 速さが 0 になる最高点での重力による位置エネルギーは mgh の 4 倍の $4mgh$ になるので, 最高点の高さは $4h$.

5A.13 速さは同じなので運動エネルギーは質量に比例する. 4 kg の鉄球の運動エネルギーは 2 kg の鉄球の運動エネルギーの 2 倍.

5A.14 力学的エネルギー保存則から, 速さは同じ.

5A.15 (1) $mgL = \dfrac{1}{2}mv^2$. $S = mg + \dfrac{mv^2}{L} = 3mg$

(2) 最高点では速さが 0 なので, 向心力は 0 であり, 張力は 0.

5A.16 最高点での運動エネルギー $\frac{1}{2}mv^2 = \frac{1}{2}mv_0^2 - mgL \geq 0$ なので，$v_0 \geq \sqrt{2gL}$

5A.17 力学的エネルギー保存則 $mgh + \frac{1}{2}mv_0^2 = \frac{1}{2}mv^2$ から $v = \sqrt{v_0^2 + 2gh}$

5A.18 最高点での初速が 0 で，摩擦が無視できれば，最大落差 $h = 70$ m を降下したときの速さ v は，力学的エネルギー保存則から，
$v = \sqrt{2gh} = \sqrt{2 \times (9.8 \text{ m/s}^2) \times (70 \text{ m})} = 37$ m/s = 133 km/h なので，この広告は信頼できる．

5A.19 力学的エネルギー保存則から，
$\frac{1}{2}mv^2 = \frac{1}{2}mv_0^2 - mgh$

5A.20 水力発電に使われる水の質量は 1 秒あたり
$\frac{4 \times 10^5 \times 10^3 \text{ kg}}{60 \text{ s}} \times 0.20 = 1.33 \times 10^6$ kg/s.
∴ $P = (1.33 \times 10^6 \text{ kg/s}) \times (9.8 \text{ m/s}^2) \times (50 \text{ m})$
$\approx 7 \times 10^8$ W.

5A.21 空気抵抗が無視できれば，力学的エネルギー保存則から，速さは同じ．空気抵抗が無視できない場合には，ボールの運動した距離の短い斜め下に投げた場合の方が，力学的エネルギーの損失が少ないので，ボールの速さが大きい．

5A.22 同じ高さでは落下速度の方が上昇速度より小さいので，落下時間の方が上昇時間より長い．

5A.23 $F = -\frac{dU}{dx}$ は $U(x)$ のグラフの勾配（接線の傾き）に負符号をつけたものである．
(1) $U(x)$ のグラフの傾きの大きさが一番大きな区間は a〜b の区間　∴ ①
(2) $F < 0$ の区間は $\frac{dU}{dx} > 0$ の区間なので，c〜d の区間　∴ ③
(3) $F = 0$ の区間は $\frac{dU(x)}{dx} = 0$ の区間なので，b〜c の区間　∴ ②

5A.24 保存力であれば，ある位置から出発して任意の経路を通り，元の位置に戻ったとき，その間の仕事は 0 でなければならない．図 5.15 の点 B → 経路 C_1 → 点 A → 経路 C_2 → 点 B の経路での仕事を求めると，
$\oint \boldsymbol{F} \, d\boldsymbol{r} = \int_{C_1} \boldsymbol{F} \, d\boldsymbol{r} + \int_{C_2} \boldsymbol{F} \, d\boldsymbol{r} = (20 \text{ J}) + (20 \text{ J}) = 40$ J
となり，0 にならない．∴ $\boldsymbol{F}$ は保存力でない．経路 C_2 と経路 C_3 で考えても同様である．

演習問題 5B

5B.1 (1) 力の向きと移動の向きが同じなので，$W = Fx = mgx\sin\theta$．(2) 垂直抗力の向きと移動の向きが垂直なので，$W = 0$．(3) 図 S5.1 より，重力の向きと移動の向きのなす角は $\frac{\pi}{2} + \theta$ なので，
$W = mg \cdot x \cos\left(\frac{\pi}{2} + \theta\right) = -mgx\sin\theta$

図 S5.1

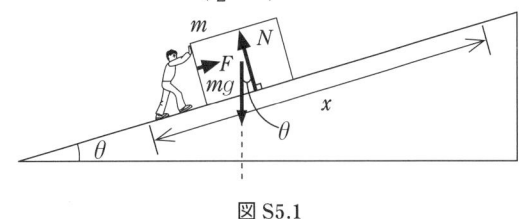

5B.2 (1) 物体の運動を妨げる向きに作用する動摩擦力の大きさは $\mu' mg$ である．物体は動摩擦力のする負の仕事 $W = -\mu' mgd$ によって停止するので，仕事と運動エネルギーの関係
$-\frac{1}{2}mv_0^2 = -\mu' mgd$ から $d = \frac{v_0^2}{2\mu' g}$
(2) $d = \frac{v_0^2}{2\mu' g} = \frac{(10 \text{ m/s})^2}{2 \times 1.0 \times 9.8 \text{ m/s}^2} = 5.1$ m

5B.3 $H = \frac{v_0^2}{2g} = \frac{(20 \text{ m/s})^2}{2 \times 10 \text{ m/s}^2} = 20$ m,
$t = \frac{2v_0}{g} = \frac{2 \times (20 \text{ m/s})}{10 \text{ m/s}^2} = 4$ s.

5B.4 (1) $t = \frac{v_0}{g}$ なので，2 倍．(2) $H = \frac{v_0^2}{2g}$ なので，4 倍．(3) $\sqrt{2}$ 倍．

5B.5 $v_0 = \sqrt{2gH} = \sqrt{2 \times (9.8 \text{ m/s}^2) \times (0.5 \text{ m})}$
$= 3.1$ m/s.

5B.6 力学的エネルギー保存則では最高点に速さが 0 で到達できそうに思われるが，速さが小さくなると円運動の向心力が重力より小さくなり，最高点に到達する前に走路から下に離れ，最高点に到達しない．

5B.7 電池の面積を A とすると，$(1.37 \times 10^3 \text{ J/m}^2 \cdot \text{s}) \times A \times 0.15 = 10^3$ W，$A = 4.9$ m^2.

演習問題 5C

5C.1 図 5.18 の点 P で，$\frac{1}{2}mv^2 = mgy$，法線方向の運動方程式は $\frac{mv^2}{r} = mg\cos\theta - N$，$\cos\theta = \frac{r-y}{r}$，
∴ $N = \frac{mg(r-3y)}{r}$．$y > \frac{r}{3}$ では $N < 0$ なので，球面上では運動できない．∴ $y = \frac{r}{3}$，すなわち $\cos\theta = \frac{2}{3}$．

5C.2 $Pt = \frac{1}{2}mv^2$　∴ $v = \sqrt{\frac{2Pt}{m}}$．速さ v は時間

t の平方根に比例して増加する.

5C.3 $h=0$ のとき,時間 Δt に積み込まれる土砂の質量は $m\Delta t$. この土砂の運動量変化は $(m\Delta t)v$. したがって,ベルトコンベアの土砂に及ぼす力は $\dfrac{mv\Delta t}{\Delta t} = mv$. $h \neq 0$ のときは,長さ d のベルト上の土砂の質量 $\dfrac{md}{v}$ に作用する重力 $\dfrac{mdg}{v}$ のコンベア方向成分 $\dfrac{mdg}{v} \times \dfrac{h}{d} = \dfrac{mgh}{v}$ があるので,ベルトを動かす力は $F = mv + \dfrac{mgh}{v}$. 仕事率 $P = Fv = mv^2 + mgh$.

5C.4 運動方程式 $\dfrac{mv^2}{r} = G\dfrac{mm_E}{r^2}$ から $K = \dfrac{1}{2}mv^2 = G\dfrac{mm_E}{2r} = -\dfrac{1}{2}U$ ∴ $E = K + U = \dfrac{U}{2}$

5C.5 $v_M = \sqrt{2g_M R_M} = \dfrac{v_E}{\sqrt{6 \times 3.7}} = 2.4$ km/s.

5C.6 エネルギー保存則によって,$mgh = W = $ 一定. $W = Fd$ なので,F は d に反比例する.

5C.7 (1) 物体の運動エネルギーはこの間に 0 J から $\dfrac{1}{2} \times (2.0\,\text{kg}) \times (1.5\,\text{m/s})^2 = 2.25$ J まで増加したので,この間に物体がされた仕事は 2.25 J.
(2) この間に物体の運動エネルギーは変化していないので,物体がされた仕事は 0.
(3) この間の物体の運動エネルギーの増加量は -2.25 J である.したがって,この間に物体が他の物体にされた仕事 W は -2.25 J で,他の物体にした仕事は 2.25 J.

5C.8 (1) $E = \dfrac{1}{2}mv_0^2 + \left(-G\dfrac{Mm}{R}\right)$
(2) $mg = G\dfrac{Mm}{R^2}$ なので $GM = gR^2$
 ∴ $E = \dfrac{1}{2}mv_0^2 + \left(-\dfrac{gR^2 m}{R}\right) = \dfrac{1}{2}mv_0^2 - mgR$
(3) 高度 h での位置エネルギーは $-G\dfrac{Mm}{R+h} = -\dfrac{mgR^2}{R+h}$ なので,
$\dfrac{1}{2}mv^2 = \dfrac{1}{2}mv_0^2 - mgR + \dfrac{mgR^2}{R+h}$
(4) 無限遠方 ($h = \infty$) で運動エネルギーが負ではないので,$\dfrac{1}{2}mv^2 = \dfrac{1}{2}mv_0^2 - mgR \geq 0$
 ∴ $v_0 \geq \sqrt{2gR}$

5C.9 (1) 保存力のした仕事は $U(0\,\text{m}) - U(10\,\text{m}) = (50\,\text{J}) - (20\,\text{J}) = 30$ J.
(2) 運動エネルギーと仕事の関係から,$\dfrac{1}{2} \times (1.0\,\text{kg}) \times v^2 - \dfrac{1}{2} \times (1.0\,\text{kg}) \times (3.0\,\text{m/s})^2 = U(0\,\text{m}) - U(25\,\text{m}) = (50\,\text{J}) - (30\,\text{J}) = 20$ J. ∴ $v = 7.0$ m/s

第 6 章

演習問題 6A

6A.1 同じ大きさのモーメントの力でねじをしめるとき,ねじまわしを使うと回転の中心から力の作用点までの長さが増えるので,手が作用する力の大きさが小さくてすむから.

6A.2 $N = -F_1 L_1 + F_2 L_2 = (-3\,\text{N}) \times (1\,\text{m}) + (4\,\text{N}) \times (0.5\,\text{m}) = -1.0$ N·m

6A.3 (a) $N = rF\cos\theta$ (b) $N = -rF\sin\theta$

6A.4 運動方程式 $m\dfrac{v^2}{R_E} = mg$ から $v = \sqrt{R_E g} = \sqrt{(6.37 \times 10^6\,\text{m}) \times (9.8\,\text{m/s}^2)} = 7.9 \times 10^3$ m/s.
$T = \dfrac{2\pi R_E}{v} = \dfrac{2\pi \times (6.37 \times 10^6\,\text{m})}{7.9 \times 10^3\,\text{m/s}} = 5.06 \times 10^3$ s $= 84$ min.

6A.5 人工衛星の運動方程式 $ma = G\dfrac{mm_E}{r^2}$ から加速度 $a = G\dfrac{m_E}{r^2}$ は人工衛星の質量 m に無関係で,半径 r の 2 乗に反比例する. ∴ $\dfrac{a_A}{a_B} = \dfrac{r_B^2}{r_A^2} = \dfrac{1}{4}$

演習問題 6B

6B.1 点 O と物体を結ぶ線分が時間 Δt に通過する面積は $\Delta S = \dfrac{(v\Delta t)d}{2}$ なので,面積速度 $\dfrac{dS}{dt} = \dfrac{vd}{2}$,角運動量 $L = mvd = 2m\dfrac{dS}{dt}$

6B.2 角速度 $\omega = \dfrac{2\pi}{24 \times 60 \times 60\,\text{s}} = 7.25 \times 10^{-5}$ s^{-1}. 向心加速度 $a = r\omega^2$ を使うと,「質量」×「向心加速度」=「万有引力」という運動方程式から
$m(R_E + h)\omega^2 = \dfrac{Gmm_E}{(R_E + h)^2} = \dfrac{gmR_E^2}{(R_E + h)^2}$.
$h = \left(\dfrac{gR_E^2}{\omega^2}\right)^{1/3} - R_E$
$= \left[\dfrac{(9.8\,\text{m/s}^2) \times (6.4 \times 10^6\,\text{m})^2}{(7.3 \times 10^{-5}\,\text{s}^{-1})^2}\right]^{1/3} - (6.4 \times 10^6\,\text{m})$
$= (4.2 \times 10^7\,\text{m}) - (0.64 \times 10^7\,\text{m}) = 3.6 \times 10^7$ m
$= 3.6 \times 10^4$ km.

6B.3 周期が静止衛星の $\dfrac{1}{2}$ なので,ケプラーの第 3 法

則から，公転半径は $\left(\frac{1}{2}\right)^{2/3} = 0.63$ 倍．
$h = (0.63 \times 4.2 \times 10^7 \text{ m}) - (0.64 \times 10^7 \text{ m})$
$= 2.0 \times 10^7 \text{ m} = 2.0 \times 10^4 \text{ km}$

6B.4 $a_\text{E} = r_\text{E} \omega^2 = 1.5 \times 10^{11} \text{ m}$
$\times \left(\frac{2\pi}{365 \times 24 \times 60 \times 60 \text{ s}}\right)^2$
$= 0.0059 \text{ m/s}^2$. $a_\text{E} = G \frac{m_\text{S}}{r_\text{E}^2}$.
$m_\text{S} = \frac{a_\text{E} r_\text{E}^2}{G} = \frac{(0.0059 \text{ m/s}^2) \times (1.5 \times 10^{11} \text{ m})^2}{6.67 \times 10^{-11} \text{ m}^3/\text{kg} \cdot \text{s}^2}$
$= 2.0 \times 10^{30} \text{ kg}$

6B.5 惑星の運動方程式と $m \frac{v^2}{r} = G \frac{m m_\text{S}}{r^n}$ と $vT = 2\pi r$ から $v^2 r^{n-1} = \frac{4\pi^2 r^{n+1}}{T^2} = Gm_\text{S} =$ 一定．ケプラーの第3法則 $\left(\frac{r^3}{T^2} = \text{一定}\right)$ から T^2 は r^3 に比例するので，$n+1 = 3$．∴ $n = 2$

演習問題 6C

6C.1 物体に働く力は物体の進行方向に垂直なので，仕事をしない．したがって，仕事と運動エネルギーの関係によって，速さは変わらない．この場合，通路の壁が作用する力は中心力ではないので，角運動量は保存しない．

6C.2 「向心力」=「万有引力」という運動方程式 $mr\omega^2 = G \frac{m M_\text{E}}{r^2}$ を使うと，
$L = mr^2 \omega = \sqrt{m^2 r^4 \omega^2} = \sqrt{Gm^2 M_\text{E} r}$

第7章

演習問題 7A

7A.1 $X = \frac{(6 \text{ kg}) \times (2 \text{ m}) + (3 \text{ kg}) \times (5 \text{ m})}{(6 \text{ kg}) + (3 \text{ kg})} = 3 \text{ m}$,
$Y = \frac{(6 \text{ kg}) \times (4 \text{ m}) + (3 \text{ kg}) \times (1 \text{ m})}{(6 \text{ kg}) + (3 \text{ kg})} = 3 \text{ m}$

(図 S7.1)

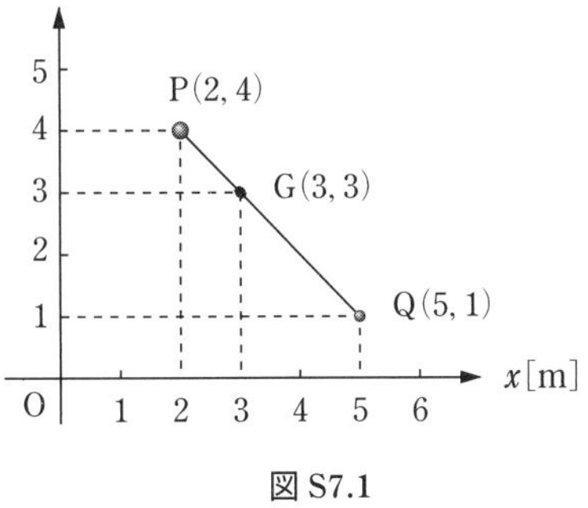

図 S7.1

7A.2 $X = \frac{M \times (4 \text{ m})}{3M} = \frac{4}{3} \text{ m}$,
$Y = \frac{M \times (3 \text{ m})}{3M} = 1 \text{ m}$

7A.3 正方形の辺の長さを L，中心を O とする．三角形の重心 G′ は，頂点 O から（中線の長さの）$\frac{2}{3}$ のところにあるので，$\overline{OG'} = \frac{1}{3}L$．三角形と質量が 3 倍の残りの部分の重心が点 O である．したがって，重心 G は $\overline{OG} = \frac{1}{3}\overline{OG'} = \frac{1}{3} \times \frac{1}{3}L = \frac{1}{9}L$

7A.4 破片の重心は，破裂前と同じ放物線上の放物運動を続ける．

7A.5 あり得る．衝突前の 2 物体の全運動量が 0 ならば，衝突後の速度は 0 になる．

7A.6 あり得ない．衝突前の 2 物体の全運動量が 0 でないので，衝突後の速度は 0 でない．

7A.7 あり得ない．運動量は $(5 \text{ kg}) \times (1 \text{ m/s}) = (1 \text{ kg}) \times (5 \text{ m/s})$ で保存している．しかし，運動エネルギーは衝突前の $\frac{1}{2} \times (5 \text{ kg}) \times (1 \text{ m/s})^2 = 2.5 \text{ J}$ から衝突後の $\frac{1}{2} \times (1 \text{ kg}) \times (5 \text{ m/s})^2 = 12.5 \text{ J}$ に増加することはエネルギー保存則からあり得ない．

7A.8 (1) 作用反作用の法則によって，作用した力の大きさは等しい．
(2) 力の大きさが等しいので力積の大きさも等しく，運動量変化の大きさも等しい．
(3) 力の大きさは等しいので，運動の法則 $ma = F$ によって，質量の小さい軽トラックの加速度が大きい．

演習問題 7B

7B.1 (1) $\frac{(30 \text{ kg}) \times (3 \text{ m}) + (100 \text{ kg}) \times (5 \text{ m})}{130 \text{ kg}}$
$= 4.54 \text{ m}$．乗り場の端から 4.54 m．
(2) 間隔を x として，重心の位置を求めると，
$(x + 4 \text{ m}) \times (30 \text{ kg}) + (x + 2 \text{ m}) \times (100 \text{ kg}) = (4.54 \text{ m}) \times (130 \text{ kg})$．∴ $x = 2.1 \text{ m}$．

7B.2 (1) 運動量保存則 $m_\text{A} v_\text{A} = m_\text{A} v_\text{A}' + m_\text{B} v_\text{B}'$ とエネルギー保存則 $\frac{1}{2} m_\text{A} v_\text{A}^2 = \frac{1}{2} m_\text{A} v_\text{A}'^2 + \frac{1}{2} m_\text{B} v_\text{B}'^2$ を $m_\text{A}(v_\text{A} - v_\text{A}') = m_\text{B} v_\text{B}'$, $m_\text{A}(v_\text{A} - v_\text{A}')(v_\text{A} + v_\text{A}') = m_\text{B} v_\text{B}'^2$ と変形すると，2式から $v_\text{A} + v_\text{A}' = v_\text{B}'$ が得られる．そこで $m_\text{B}(v_\text{A} + v_\text{A}') = m_\text{B} v_\text{B}' = m_\text{A}(v_\text{A} - v_\text{A}')$

$\therefore \quad v_A{}' = \dfrac{m_A - m_B}{m_A + m_B} v_A$,

$v_B{}' = v_A + v_A{}' = \dfrac{2m_A}{m_A + m_B} v_A$

(2) $v_A{}' = \dfrac{m_A - m_B}{m_A + m_B} v_A = -v_B{}' = -\dfrac{2m_A}{m_A + m_B} v_A$,

つまり $3m_A = m_B$ の場合

(3) $m_A \gg m_B$ の場合,$v_B{}' \approx 2v_A$.

$\dfrac{1}{2} m_B v_B{}'^2 \approx 2m_B v_A^2 = \dfrac{4m_B}{m_A} \times \dfrac{1}{2} m_A v_A^2 \quad \therefore \dfrac{4m_B}{m_A}$

7B.3 (1) 砲弾が加速される間の大砲と砲弾への外力は無視できるので,大砲と砲弾の運動量は保存すると考えてよい.そこで $MV = mv$

$\therefore \quad V = \dfrac{mv}{M} = \dfrac{(10 \text{ kg}) \times (800 \text{ m/s})}{1600 \text{ kg}} = 5 \text{ m/s}$

(2) $F = \dfrac{m \Delta v}{\Delta t} = \dfrac{(10 \text{ kg}) \times (800 \text{ m/s})}{0.005 \text{ s}} = 1.6 \times 10^6$ N

演習問題 7C

7C.1 円板の角速度を $-\dfrac{d\theta}{dt}$,B の円板に対する角速度を $\dfrac{d\phi}{dt}$ とすると,慣性系に対する A,B の速さは $-r\dfrac{d\theta}{dt}$,$r\left(\dfrac{d\phi}{dt} - \dfrac{d\theta}{dt}\right)$.角運動量 $L = -Mr^2 \dfrac{d\theta}{dt} + mr^2 \left(\dfrac{d\phi}{dt} - \dfrac{d\theta}{dt}\right)$.最初は静止していたので $L = 0$.$\therefore (M+m) \dfrac{d\theta}{dt} = m \dfrac{d\phi}{dt}$.

これから $\theta = \dfrac{m\phi}{M+m}$ が導かれる.

$\phi = \pi$ とおくと $\theta = \dfrac{m\pi}{M+m}$

7C.2 (1) 両辺を積分すると,
$v = -V_0 \log(m_0 - bt) + C$ (C は任意定数)

となる.$t = 0$ での初期条件 $v = v_0$ を使うと,$v_0 = -V_0 \log m_0 + C$ が導かれるので,ロケットの速さ v は,

$v = v_0 + V_0 \log \left(\dfrac{m_0}{m_0 - bt}\right)$

(2) 燃料を使い切ったとき,$bt = \dfrac{m_0}{2}$ なので,$v = v_0 + V_0 \log 2$.

7C.3 (1) 物体 A には重力 Mg だけが作用するが,物体 B には下についている鎖の及ぼす下向きの力も作用するので,物体 A の落下距離は L より短い.

(2) 物体 B と鎖の力学的エネルギーは,落下前には $-mg\dfrac{L}{4}$.高さ L だけ落下する直前には $-MgL$

$-mg\dfrac{L}{2} + \dfrac{1}{2} Mv^2$ なので,力学的エネルギー保存則から,$v^2 = 2gL + \dfrac{m}{2M} gL$.鎖がなければ,$v^2 = 2gL$ なので,第 2 項は鎖による加速効果を表す.

第 8 章

演習問題 8A

8A.1 $(5 \text{ cm}) \times F - (10 \text{ cm}) \times (10 \text{ N}) - (20 \text{ cm}) \times (20 \text{ N}) = (5 \text{ cm}) \times F - (500 \text{ N} \cdot \text{cm}) = 0$.

$\therefore \quad F = 100$ N

8A.2 鉛直方向の力のつり合いの式は $F_A + F_B - W = 0$

$\therefore \quad F_A + F_B = W = 50 \times (9.8 \text{ N}) = 490$ N

点 C のまわりの力のモーメントのつり合いの式は(図 S8.1),

$(-F_A \times 60 \text{ cm}) + (F_B \times 40 \text{ cm}) = 0 \quad \therefore \quad 3F_A = 2F_B$

2 つの条件から

$F_A = \dfrac{2}{5} W = 196$ N,

$F_B = \dfrac{3}{5} W = 294$ N

が導かれる.なお,棒が水平でなくても結果は変わらない.

図 S8.1

8A.3 図 S8.2 のように力 F_1 を下向き,力 F_2 を上向きとすると,鉛直方向の力のつり合いから

$F_2 - F_1 = W = 50 \times (9.8 \text{ N}) = 490$ N.

点 O のまわりの力のモーメントの和が 0 という条件から

$1.5F_2 - 4.5W = 0 \quad \therefore$
$F_2 = 3W = 1470$ N,
$F_1 = F_2 - W = 2W = 980$ N

図 S8.2

8A.4 図 S8.3 参照.(1) 右向き.張力 S の左向きの水平方向成分とつり合うため.

(2) 上向き.棒と綱の接点 O のまわりの力のモーメントの和が 0 になるため.

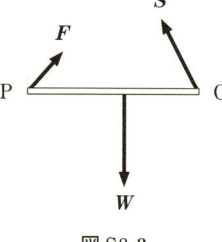

図 S8.3

8A.5 棒の下端のまわりの外力のモーメントが 0 という式は $MgL \sin\theta + \dfrac{1}{2} mgL \sin\theta = Tx \cos\theta$ なので,$T = \dfrac{(2M+m)gL \sin\theta}{2x \cos\theta}$

8A.6 (1) $4.9\text{ m} = \frac{1}{2}gt^2$ から

$t = \sqrt{\dfrac{2\times(4.9\text{ m})}{9.8\text{ m/s}^2}} = 1\text{ s}.$

(2) 斜面と水平面のなす角 θ は $\sin\theta = \dfrac{4.9\text{ m}}{9.8\text{ m}} = \dfrac{1}{2}$

なので 30°. $9.8\text{ m} = \dfrac{1}{2}\times\dfrac{5}{7}gt^2\sin\theta = \dfrac{5}{28}gt^2$ から

$t = \sqrt{\dfrac{5.6\times(9.8\text{ m})}{9.8\text{ m/s}^2}} = 2.4\text{ s}.$

演習問題 8B

8B.1 板の中点 O のまわりの力のモーメントの和が 0 になるため,大きさは Mg で,下向き.

8B.2 円柱が床から持ち上がる瞬間には床の抗力は 0 なので,円柱に働く力は,重力 W,段の角の抗力 N と引く力 F である.角のまわりの力 F, W のモーメントの和が 0 という条件は,$d = \sqrt{R^2-(R-h)^2} = \sqrt{2Rh-h^2}$ であることを使うと,$F(2R-h) = Wd = W\sqrt{2Rh-h^2}.$

$\therefore\ F = \dfrac{W\sqrt{2Rh-h^2}}{2R-h} = W\sqrt{\dfrac{h}{2R-h}}$

$= (60\text{ kgf})\times\sqrt{\dfrac{0.2\text{ m}}{0.8\text{ m}}} = 30\text{ kgf} = 294\text{ N}.$

円柱の中心軸を水平に押す場合の力の大きさ F_c は,$F_c(R-h) = Wd = W\sqrt{2Rh-h^2}$ から

$F_c = \dfrac{W\sqrt{2Rh-h^2}}{R-h}$

$= (60\text{ kgf})\times\dfrac{\sqrt{(0.2\text{ m})\times(0.8\text{ m})}}{0.3\text{ m}}$

$= 80\text{ kgf} = 784\text{ N}.$

8B.3 板には,中心に重力 mg,下端に床の垂直抗力 N_1 と静止摩擦力 F_1,上端に壁の垂直抗力 N_2 が図 S8.4 のように作用する.水平方向と鉛直方向の力のつり合い条件から,$N_2-F_1=0$, $N_1-mg=0$, 板の下端のまわりの力のモーメントの和が 0 という条件から,$\dfrac{1}{2}mgL\cos\theta - N_2L\sin\theta = 0$ が得られ,3 つの

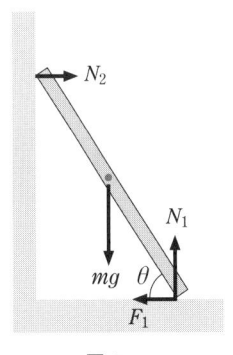

図 S8.4

条件から,$2F_1\sin\theta = N_1\cos\theta$ が得られる.$\theta=\theta_C$ で板が滑りはじめると,$\theta=\theta_C$ では $F_1 = \mu N_1$ なので,$\tan\theta_C = \dfrac{1}{2\mu}.$

8B.4 テープの 1 分あたりの進む長さは

$\pi D_A n_A = \pi D_B n_B$ なので,$\dfrac{n_A}{n_B} = \dfrac{D_B}{D_A}$

8B.5 $\omega = 2\pi f = 2\pi\times(20\text{ s}^{-1}) = 40\pi\text{ s}^{-1} = 126\text{ s}^{-1}.$
$v = \pi Df = \pi\times(0.91\text{ m})\times(20\text{ s}^{-1}) = 57\text{m/s}$
$= 206\text{ km/h}$

8B.6 ベルトの速さを v とすると,$v = r_L\omega_L = r_S\omega_S$. $r_L > r_S$ なので,$\omega_S > \omega_L$. 小さな車輪の角速度 ω_S は大きな車輪の角速度 ω_L より大きい.

ベルトの加速度の大きさを a とすると,$a = r_L\alpha_L = r_S\alpha_S$ なので,$\alpha_S > \alpha_L$. 小さな車輪の角加速度 α_S は大きな車輪の角加速度 α_L より大きい.

8B.7 $\omega_L : \omega_S = 12:1$ ($\omega_L = 12\omega_S$). $v = r\omega$ なので,$v_L : v_S > \omega_L : \omega_S = 12 : 1$ ($v_L > 12v_S$).

8B.8 $a = R_0\alpha$ なので,

$\dfrac{g\sin 30°}{1+(I_G/MR_0^2)} = \dfrac{g}{2+2(I_G/MR_0^2)}$

演習問題 8C

8C.1 (1) 力のつり合いから,定滑車の場合 $F=mg$, 動滑車の場合 $F=\dfrac{1}{2}mg$. 手の力がロープを引く距離を d とすると,手の力のする仕事 $W=Fd$ が物体の重力による位置エネルギーの増加分 mgh になるというエネルギー保存則からも導かれる.

(2) 定滑車の場合は,円板の端の点の移動距離は半径に比例するので,$d:h = b:a$, $F = \dfrac{mgh}{d}$

$= mg\dfrac{a}{b}.$ 動滑車の場合には,

$d:h = a+b:a$, $F = \dfrac{mgh}{d} = mg\dfrac{a}{a+b}.$

8C.2 ボールが当たった点を P とし,ボールが当たった瞬間のバットの中心軸を x 軸にとり,$\overline{OP} = x_0$ とする (図 S8.5). ボールとの衝突でバットに加わった力積を J, 手がバットに加えた力積を J' とすると,重心速度の y 成分の変化 ΔV_y は,$\Delta P_y = M\Delta V_y = -J+J'$. 点 O のまわりのバットの回転の角速度の変化 $\Delta\omega$ は (運動量 P と角運動量 $I\omega$,力積 J と力積のモーメント Jx の対応を考慮すると),$I\Delta\omega = -Jx_0$. I は点 O のまわりのバットの慣性モーメントである.手に抗力が働かないので,点 O は動かない.そこで,$\overline{OG} = h$ とすると,$\Delta V_y = h\Delta\omega.$

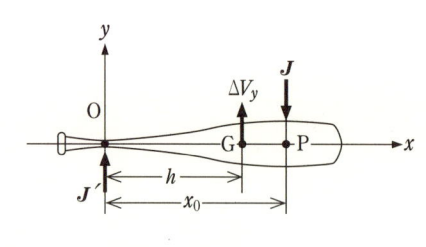

図 S8.5

3つの式から，$J' = M\Delta V_y + J = Mh\Delta\omega - I\dfrac{\Delta\omega}{x_0}$
$= \left(Mh - \dfrac{I}{x_0}\right)\Delta\omega$，手に抗力が生じない条件は $J' = 0$ なので，$\overline{OP} = x_0 = \dfrac{I}{Mh}$．点 O を点 P に対する打撃の中心という．

8C.3 前後のタイヤの組 A, B に作用する摩擦力 F_A, F_B によるトラックの加速度の大きさ A は
$$A = \dfrac{15\,\text{m/s}}{5\,\text{s}} = 3\,\text{m/s}^2 = \dfrac{F_A + F_B}{M}$$
$$\mu = \dfrac{F_A + F_B}{Mg} = \dfrac{3\,\text{m/s}^2}{9.8\,\text{m/s}^2} = 0.3$$

8C.4 棒の重心の運動方程式 $MA = Mg - S$ と重心のまわりの回転運動の方程式 $\dfrac{ML^2}{12}\alpha = \dfrac{L}{2}S$ から，糸と結ばれた棒の端の加速度が 0 という条件，
$A - \dfrac{L}{2}\alpha = g - \dfrac{4S}{M} = 0$ が導かれるので，
$S = \dfrac{1}{4}Mg$．

8C.5 (1) 点 O のまわりの回転運動の方程式
$I\alpha = \dfrac{ML^2}{3}\alpha = N = \dfrac{L}{2}Mg$ から $\alpha = \dfrac{3g}{2L}$．
$A = \dfrac{L}{2}\alpha = \dfrac{3g}{4}$．

(2) エネルギー保存則 $\dfrac{1}{2}MgL = \dfrac{1}{2}I\omega^2 = \dfrac{1}{6}ML^2 \times \left(\dfrac{2}{L}V\right)^2 = \dfrac{2}{3}MV^2$．∴ $V = \dfrac{1}{2}\sqrt{3gL}$．

第 9 章

演習問題 9A

9A.1 (1) 地面に固定された座標系も，電車に固定された座標系も慣性系である．電車の中でボールをそっとはなすと，電車に固定された座標系では初速度が **0** の自由落下なので，ボールは手の真下に落ちる．地面に固定された座標系で見ると，ボールが電車と同じ速さで進行方向に投げだされた水平投射なので，電車の速さでの水平方向の等速運動と鉛直下向き方向の等加速度運動を重ね合わせた運動である．したがって，電車の中で乗客の手の真下に落ちる．

(2) 人間といっしょに運動する座標系では自由落下運動なので，ボールは人間の真横に落ちる．

(3) 塔の上で石をはなしたときの石の速度は地球の速度と同じなので，石は塔の真下に落ちる．

9A.2 $\tan\theta = \dfrac{mv^2/r}{mg} = \dfrac{v^2}{rg} = \dfrac{(15\,\text{m/s})^2}{(30\,\text{m})\times(9.8\,\text{m/s}^2)}$
$= 0.77$．$\theta = 37°$．ひもは進行方向に垂直で，円の外側の方に 37° 傾く．

9A.3 赤道付近では地球の自転に伴う遠心力がいちばん強いので，地球の中心から等距離の部分の地殻に作用する見かけの重力が，赤道部分で一番弱いため．

9A.4 コリオリの力は，地球の南半球では，北半球とは逆向きに作用するので，運動している物体の進路を左の方にそらすように働く．したがって，台風の眼を右側に見るように吹く．

演習問題 9B

9B.1 (1) $\mu N = \mu mr\omega^2 > mg$．$\omega > \sqrt{\dfrac{g}{\mu r}}$
$= \sqrt{\dfrac{9.8\,\text{m/s}^2}{0.4 \times (2.8\,\text{m})}} = 3.0\,\text{s}^{-1}$．$f = \dfrac{\omega}{2\pi} > 0.47\,\text{s}^{-1}$
$= 28\,\text{min}^{-1}$

(2) 見かけの重力（重力と慣性力の合力）の向きは，鉛直下向き（重力の向き）→ 外向き（遠心力の向き）→ 鉛直下向きと変化する．人間は，見かけの重力の逆向きを上の方に感じるので，遠心力が強いときは仰向けに寝ていると感じる．

9B.2 摩擦が無視できる場合，スキーヤーの加速度は $g\sin\alpha$．おもりに作用する重力 $m\boldsymbol{g}$ と糸の張力 $\boldsymbol{S}$ の合力の斜面の下向き方向成分は
$mg\sin\alpha - S\sin(\alpha-\theta)$ なので，おもりの加速度は
$g\sin\alpha - \dfrac{S}{m}\sin(\alpha-\theta)$ である（図 S9.1）．糸の傾きが一定の場合には，スキーヤーとおもりの加速度は同じ $g\sin\alpha$ なので，$\theta = \alpha$，つまり，糸は斜面に垂直

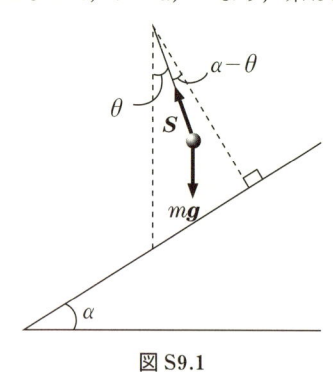

図 S9.1

である.

摩擦があるときは，スキーヤーの加速度は $g\sin\alpha - \mu' g\cos\alpha$ なので，

$$-\mu' g\cos\alpha = -\frac{S}{m}\sin(\alpha-\theta)$$
$$= -g\cos\alpha\tan(\alpha-\theta) \quad \therefore \quad \tan(\alpha-\theta) = \mu'$$

ここで，斜面に垂直な方向の力のつり合い，$mg\cos\alpha = S\cos(\alpha-\theta)$ を使った．

9B.3 バケツが真上にきたとき水がこぼれない条件は，遠心力 ≧ 重力，つまり，$mr\omega^2 = mr(2\pi f)^2 \geqq mg$.

$$\therefore \quad f = \frac{1}{2\pi}\sqrt{\frac{g}{r}} = \frac{1}{2\pi}\sqrt{\frac{9.8 \text{ m/s}^2}{1.2 \text{ m}}} = 0.45 \text{ s}^{-1}$$

9B.4 エレベーターに固定された座標系では，質量 m の物体に，重力 mg 以外に，鉛直下向きに見かけの力 ma が作用するので，落下時間 t は落下距離の式 $h = \frac{1}{2}(g+a)t^2$ から，$t = \sqrt{\frac{2h}{g+a}}$．したがって，物体は足元から $ut = u\sqrt{\frac{2h}{g+a}}$ 離れた所に落ちる．

演習問題 9C

9C.1 自動車に固定した回転座標系で考える．空気の密度を ρ，ヘリウムの密度を ρ_{He}，風船の体積を V とする．質量 $\rho_{\text{He}}V$ の風船には遠心力 $\rho_{\text{He}}V\frac{v^2}{r}$ と重力 $\rho_{\text{He}}Vg$ と張力 T が作用する．さらに周囲の空気は，風船の排除した質量 ρV の空気に作用していた遠心力につり合う向心力 $\rho V\frac{v^2}{r}$ と浮力 ρVg を作用する（図 S9.2）．力のつり合い条件から

$(\rho-\rho_{\text{He}})Vg = T\cos\theta, \quad (\rho-\rho_{\text{He}})V\frac{v^2}{r} = T\sin\theta$

$$\therefore \quad \tan\theta = \frac{v^2}{rg} = \frac{(15 \text{ m/s})^2}{(30 \text{ m})\times(9.8 \text{ m/s}^2)} = 0.77.$$

$\theta = 37°$．ひもは進行方向に垂直で，円形道路の中心の方に 37° 傾く．遠心力と向心力は重心に作用すると近似できる．

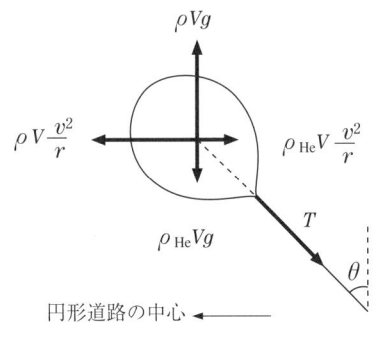

図 S9.2

9C.2 $\frac{dL}{dt} = \frac{d(mr^2\omega)}{dt} = 2mr\omega\frac{dr}{dt} = 2mr\omega v'$
$= N = rF. \quad \therefore \quad F = 2m\omega v'$

9C.3 北緯 λ の所では，地球の自転の角速度ベクトル $\boldsymbol{\omega}$ は北極星の方向，つまり水平と角 λ をなす方向を向いている．したがって，ロケットの発射方向（$\boldsymbol{v}'$ の方向）が水平となす角 θ が λ 以上なら，ロケットに作用するコリオリの力 $2m\boldsymbol{v}'\times\boldsymbol{\omega}$ の向き，つまり，$\boldsymbol{v}'$ の向きから $\boldsymbol{\omega}$ の向きに右ねじを回すときにねじの進む向きは西向きなので，発射直後の進行方向は左の方にそれる．

第 10 章

演習問題 10A

10A.1 ③．

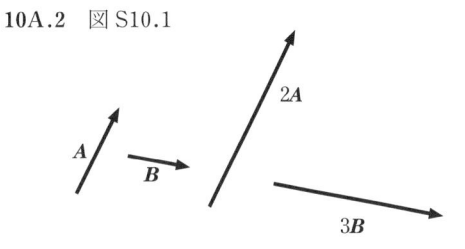

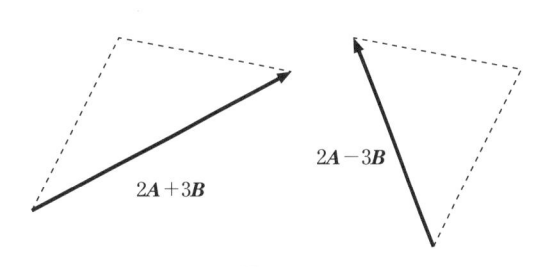

10A.2 図 S10.1

図 S10.1

10A.3 $A+B = (\sqrt{3}, 3), \quad A-B = (3\sqrt{3}, 1)$

10A.4 ベクトル $A-B$ は南東の方向を向き，大きさは $\sqrt{2}|A|$．図 S10.2 参照．

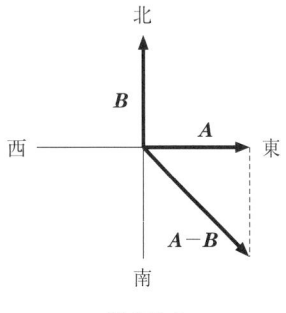

図 S10.2

10A.5 (1) $3\times 5+2\times(-2)=11$
(2) $3\times 6+(-2)\times 3+5\times(-2)=2$

10A.6 (1) $|A|=\sqrt{41}$, $|B|=2\sqrt{10}$
(2) $A+B=(3,10)$, $|A+B|=\sqrt{109}$
(3) $A-B=(7,-2)$, $|A-B|=\sqrt{53}$
(4) $3A+2B=(11,24)$ (5) $A\cdot B=14$

10A.7 $A\cdot B=-16$. ∴ 垂直ではない.

演習問題 10B

10B.1 $A=[(2\sqrt{3})^2+2^2]^{1/2}=4$, $B=[(-\sqrt{3})^2+1^2]^{1/2}=2$, $A\cdot B=2\sqrt{3}\cdot(-\sqrt{3})+2\cdot 1=-4$
$\cos\theta=\dfrac{A\cdot B}{AB}=-\dfrac{1}{2}$ なので $\theta=120°$

10B.2 $(27,-34,-8)$

10B.3 A,B,C は正三角形の 3 辺をなす. 図 S10.3 参照.

10B.4 A,B,C は C を斜辺とする直角三角形の 3 辺をなすので, ピタゴラスの定理 (三平方の定理) によって, $|C|^2=|A|^2+|B|^2$. 図 S10.4 参照.

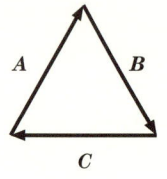

図 S10.3

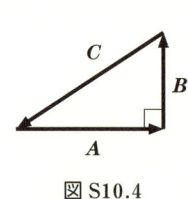

図 S10.4 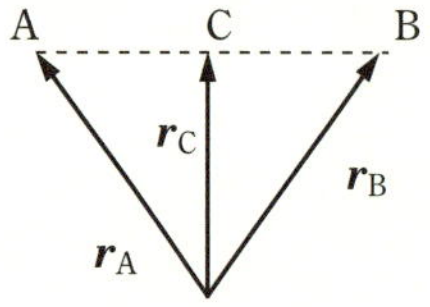   図 S10.5

10B.5 $r_B-r_C=r_C-r_A$ なので, $2r_C=r_A+r_B$.
∴ $r_C=\dfrac{r_A+r_B}{2}$ 図 S10.5 参照.

10B.6 $2(r_B-r_P)=r_P-r_A$ から $3r_P=r_A+2r_B$.
∴ $r_P=\dfrac{r_A+2r_B}{3}=(1,6)$ 図 S10.6 参照.

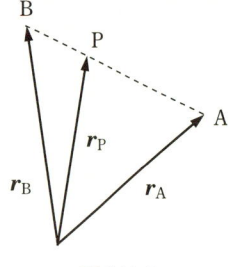

図 S10.6

10B.7 $A\cdot B=2c+22=0$. ∴ $c=-11$

10B.8 $|A|=\sqrt{A_x^2+A_y^2+A_z^2}$ なので,
$\hat{A}=\left(\dfrac{A_x}{\sqrt{A_x^2+A_y^2+A_z^2}},\dfrac{A_y}{\sqrt{A_x^2+A_y^2+A_z^2}},\dfrac{A_z}{\sqrt{A_x^2+A_y^2+A_z^2}}\right)$

10B.9 $A\times B$ は A と B の両方に垂直なので, $C\propto A\times B=(-2,1,-1)$. $|A\times B|^2=6$ なので,
$C=\left(-\dfrac{2}{\sqrt{6}},\dfrac{1}{\sqrt{6}},-\dfrac{1}{\sqrt{6}}\right)$,
または $\left(\dfrac{2}{\sqrt{6}},-\dfrac{1}{\sqrt{6}},\dfrac{1}{\sqrt{6}}\right)$.

10B.10 速度は $v=\dfrac{dr}{dt}=\dfrac{qE}{m}t+v_0$, 加速度は $a=\dfrac{d^2r}{dt^2}=\dfrac{dv}{dt}=\dfrac{qE}{m}$, 運動方程式は $ma=qE$

10B.11 (1) $v\cdot v=$ 一定 を微分すると, $v\cdot a+a\cdot v=2v\cdot a=0$. ∴ $v\perp a$ あるいは $a=0$

(2) $v\cdot a=v_x\dfrac{dv_x}{dt}+v_y\dfrac{dv_y}{dt}+v_z\dfrac{dv_z}{dt}=\dfrac{1}{2}\dfrac{d}{dt}(v_x^2+v_y^2+v_z^2)=0$ なので, $v_x^2+v_y^2+v_z^2=v^2=$ 一定
∴ $v=$ 一定

(3) $v\times B$ は v に垂直なので, $ma=F=qv\times B$ は v に垂直. ∴ $v\cdot a=0$ なので, 速さ v は一定で, 運動エネルギー $\dfrac{1}{2}mv^2$ も一定.

(4) $r\cdot r=$ 一定 を微分すると,
$v\cdot r+r\cdot v=2v\cdot r=0$. ∴ $r\perp v$

演習問題 10C

10C.1 $a=\dfrac{dv}{dt}=g$ を積分すると, $v(t)=\dfrac{dr}{dt}=gt+C_1$ が得られ, この式を積分すると,
$r(t)=\dfrac{1}{2}gt^2+C_1t+C_2$ が得られる.
$v(0)=C_1$, $r(0)=C_2$ なので,
$v(t)=\dfrac{dr}{dt}=gt+v(0)$
$r(t)=\dfrac{1}{2}gt^2+v(0)t+r(0)$

10C.2 $a\times b$ は, 大きさ $|a\times b|$ が平行六面体の底面の面積に等しく, 底面に垂直なベクトルである. c の $a\times b$ 方向への成分は平行六面体の高さなので, $|(a\times b)\cdot c|=$ 底面積×高さ=体積.

10C.3 (1) 適当な位置に原点を選んだときの太陽 S, 地球 E, 火星 M の位置ベクトルを r_S,r_E,r_M とすると, $r_{ES}=(r_E-r_S)=-(r_S-r_E)=-r_{SE}$, $r_{MS}=(r_M-r_S)=(r_M-r_E)-(r_S-r_E)=r_{ME}-r_{SE}$
(2) 各時刻 (同じ番号) での r_{ES} と r_{MS} を, $r_{ES}=-r_{SE}$ と, $r_{MS}=r_{ME}-r_{SE}$ を使って求め, 太陽 S を原点として描けばよい. r_{MS} はほぼ円軌道上を動く.

物理学演習問題集　力学編

2009 年 11 月 20 日　第 1 版　第 1 刷　発行	
2024 年 2 月 15 日　第 1 版　第 13 刷　発行	

著　者　　原　　康　夫
　　　　　右　近　修　治
発行者　　発　田　和　子
発行所　　株式会社　学術図書出版社

〒113-0033　東京都文京区本郷 5-4-6
TEL 03-3811-0889　振替 00110-4-28454
印刷　三和印刷（株）

定価は表紙に表示してあります．

本書の一部または全部を無断で複写（コピー）・複製・転載することは，著作権法で認められた場合を除き，著作者および出版社の権利の侵害となります．あらかじめ，小社に許諾を求めてください．

ⓒ2009　Y. HARA, S. UKON　Printed in Japan
ISBN978-4-7806-0170-1　C3042